給青年科學家的信

Letters to a Young Scientist

愛德華・奧斯本・威爾森 著
Edward O. Wilson

王惟芬 譯

朱楠賢

國立臺灣科學教育館館長

二〇一三年一份長期追蹤研究報告顯示，曾經參加美國國際科學展覽會競賽（ISEF）的臺灣高中生，仍持續在大學或研究機構任職者僅約20％。與此對照，本書作者鼓勵後進者在科學的道路上，要有自信、熱情及持續力：「能夠享受長時間的學習與研究樂趣，即使有時候一切努力都付諸流水。」真是語重心長，發人省思，值得有志者一讀。

邵廣昭

中央研究院系統分類與生物多樣性資訊專題中心執行長

這位素有「生物多樣性之父」尊稱的當代偉大科學家，在他持續倡導與創新科學新領域、新觀念、新計畫，並對未來地球的永續做出許多傑出貢獻之餘，仍願意把他從事學術研究的心路歷程編撰成書，啟迪後人，益發令人景仰。

徐堉峰
國立臺灣師範大學生命科學系教授

這本書是當今最傑出的生物學者威爾森畢生領會之結晶，指出科學研究最重要的是熱情與理性。我覺得每一位青年學子都應該詳閱並品味這本書，它能讓讀過的人建立良好的科學態度與品格，學習成為對人類知識有貢獻的科學人。

楊恩誠
國立臺灣大學昆蟲學系系主任

從年少時對小昆蟲的愛好，到當今眾所崇仰的昆蟲學家、生物學家、博物學家，威爾森教授以平易的書信，佐以豐富的經驗，娓娓道來科學研究這條路該怎麼走，讀起來令人如沐春風，格外親切。除了砥礪年輕的科學家，本書更是對未來感到迷惘的高中生、大學生必須閱讀的一本好書。

獻給我的良師益友

洛夫・謝馬克（Ralph L. Chermock）

威廉・布朗（William L. Brown）

目次

第三書　科學人生　127

前言　你做了正確的選擇

親愛的朋友：

我在科學界任教長達半個世紀，接觸過許多學生和年輕的專業人才，對於自己能夠指導數以百計才華洋溢、雄心勃勃的年輕人，感到莫大榮幸。這段經歷讓我體認到，任何人想要在科學界成功闖出一片天，都必須先確實明白一些觀念，這些觀念算得上是一整套哲學。在接下來這些信中，我將和你分享一些想法和故事，衷心希望能讓你從中受益。

首先也是最重要的一點，我希望你竭盡所能地堅持下去，繼續留在你選擇的這條路上，因為這世界非常非常地需要你。人類目前已完全進入科技時代，不可能回頭了。雖然各學門發展的速度不盡相同，但基本上，科學知識的成長速率大約是每十五至二十年增加一倍，從十七世紀科學革命以來就是如此，因此至今累積了如此驚人的知識量。而且，就像無限制的指數性成長一樣，只要給予足夠的時間，它每隔十年就以近乎垂直的趨勢向上攀昇，技術高度也亦步亦趨地順勢發展。科學和技術，形成緊密的共同體，滲透到我們生活的每個層面。沒有什麼科學奧祕可以被長久隱藏，任何人隨時隨地都可一窺究竟。網路和其他各種數位科技打造出的交流方式不僅是全球性的，也是即時性的。要不了多久，只要敲幾下鍵盤，就可以取得所有已公諸於世的科學和人文知識。

或許這說法有點誇張（我個人對此倒是深信不疑），我在此提供一個知識躍進的範例，而且我很幸運地曾親身參與此事。這個例子發生在生物分類學領域，這是個長久以來被視為過時而發展緩慢的古老學科，直到最近才改觀。

這一切要回到西元一七三五年，從瑞典博物學家卡爾．林奈的身上說起[1]，當時他和牛頓同樣聞名於世。林奈啟動了一項有史以來最大膽的研究計畫——他打算調查地球上的每一種動植物，並予以分類。為了簡潔易行起見，他在一七五九年開始以兩個拉丁文單字構成的「雙名法」[2]，來為每個物種命名。

林奈完全不知道他給自己的這項任務有多麼艱鉅，也對全球的物種數量毫無概念，不確定究竟是有一萬、十萬還是一百萬種。身為植物學家，

1 卡爾．林奈（Carl Linnaeus, 1707-1778）

2 使用雙名法命名時，第一個字是「屬名」（name of genus），首字母需大寫，第二個字是「種加詞」或稱「種小名」（specific epithet），首字母一律小寫。譬如將家犬命名為Canis familiaris，第一字表示「犬屬」，第二字表明「家庭種」；而美國紅楓樹為Acer rubrum，第一字為「楓屬」，第二字為「紅色種」。在基本的雙名之後，還可以加上其他單字來表示「亞種」、「變種」、「變形」或「命名者」。瑞士科學家兄弟約翰．博安（Johann Bauhin, 1541-1613）、加斯帕爾．博安（Gaspard Bauhin, 1560-1624））較早使用雙名法，但直到林奈之後，才成為科學界的共同標準。

他猜測植物總共約為一萬種上下——顯然，他對熱帶地區的物種多樣性一無所知。今日已分類的植物是三十一萬種，而且預期會增加到三十五萬。若再加上動物和真菌，我們目前已知的物種已超過一百九十萬，預計最終可能超過一千萬。至於細菌這類多樣性物種，我們所知甚少，目前（截至二〇一二年）辨認出的種類只有約一萬種，但這數字正在加速增長，可能會在全球物種名錄裡增添數百萬筆資料。從這個角度看來，距離林奈已有二百五十年之久的今天，我們對全球物種的知識仍然少得可憐。

對生物多樣性認識不足，不只是專家學者的問題，也是全體世人的問題。如果我們對這個星球認識得這麼少，那要如何管理，使其永續發展呢？

長久以來，解決方案似乎遙不可及。科學家們再怎麼勤奮，每年也只能增加約一萬八千個新物種。若以這樣的速度繼續下去，要等上兩個世紀或更長的時間，才能認識地球上所有的物種，幾乎就跟從林奈的時代到現在一樣久。是什麼原因造成這個瓶頸？在過去，這被視為難以解決的技術層面問題。基於歷史因素，大量作為分類鑑種依據的參考標本和文獻，都存放在少數幾間位於西歐和北美城市裡的博物館，任何人想要從事分類學的基礎研究，通常必需親身造訪這些遙遠的地方。唯一的替代方案是郵寄標本和文獻，但這不只浪費時間，而且風險甚大。

跨入二十一世紀之際，生物學家試圖找出在某種程度上可以解決這個問題的技術。我在二〇〇三年提出了一套現在看起來理所當然的解決方案：打造一套線上生物百科全書，收納所有物種的數位化資訊，以及所有參考樣本的高解析度照片，並且持續更新。

在我當時的構想中，這套系統是開放式資源，由各領域的專業審查人負責增補篩選新條目，例如蜈蚣專家、樹皮甲蟲專家或是針葉樹專家等等。這項計畫在二〇〇五年獲得資助，和「國際海洋生物普查計畫」一同推動分類學加速進展，也連帶使生物學裡頭那些依賴分類精確性的分支學門受益進步。在我撰寫本書之際，地球上超過半數的已知物種都已納入這套線上百科全書，不論何時何地，任何人只要在網址列輸入「eol.org」就能免費讀取這些資料。

如同生物多樣性研究的進步神速，其他每一門學科都來到了重大的轉折點，使我們難以預見它們在未來十年會發生怎樣的科技革命。當然，新發現和知識積累的爆炸性成長趨勢必然會達到高峰，然後趨緩，但這並不會對你造成什麼影響，因為這場革命至少會延續大半個二十一世紀。在此期間，這世界將變得與今日大不相同，傳統的研究方法會徹底轉變，超乎我們今日的眼界。在這段過程中，將開創出新的研究領域：基於科學發展的技術提昇，基於技術提昇的科學發展，還有基於技術與科學進展而誕生的新產業。最後，所有的科學學門終將統合，每個學門之間都能相互詮釋援引，任何人只要受過適當的指引，掌握了原理和法則，就能優游其中。

在接下來的幾封信裡，我將說明科學以及科學生涯是怎麼一回事，這不會是老掉牙的東西，而是盡可能以我個人的研究和教學經驗讓你明白，如果你立志投身於科學之路，你面前真正的關卡和獎賞會是什麼。

第一書

選擇道路

The Path to Follow

第一信
熱情是一切的基礎

在這封信的開頭，最好先談談我到底是個怎樣的人，這一切都要從一九四三年的夏天講起。那時候第二次世界大戰還沒結束，我剛滿十四歲，住在我的家鄉，阿拉巴馬州的小城莫比爾，這是個以戰備造船廠和軍事基地為重心的城鎮。雖然我擔任緊急信差，一天要在莫比爾的街上來回騎個好幾趟，但我對這城鎮和世界上發生的重大事件漠不關心，只是用課餘時間來累積童子軍功績勳章，以便早日昇上鷹級。然而，我最常作的事情其實是在附近的沼澤和森林裡進行探險，採集螞蟻和蝴蝶；我在家裡打造了一座私人動物園，裡面有蛇和黑寡婦蜘蛛。

夏日蛇王

受到世界大戰的影響，附近的普什馬塔哈童子軍夏令營找不到足夠的年輕男子擔任輔導員，那裡的招聘員耳聞了我的課外蒐集活動，於是詢問我是否願意擔任他們的野外輔導員。我想他當時一定是走投無路了，才會找到我頭上，但一想到能夠免費參加夏令營，還能作自己最喜歡的事，我當然是欣喜若狂地答應了。不過，除了螞蟻和蝴蝶之外，基本上我對其他生物的知識很有限，年輕又魯莽的我，就這樣兩手空空地前往普什馬塔哈，我的內心忐忑不安，擔心年紀較大的學員會嘲笑我教的東西。突然之間，我有了一個靈感——蛇。大多數人看到蛇時都會嚇得兩腳發軟、無法動彈，但又難掩對牠的好奇心，這種反應其實來自於我們的基因，當然那時我並不知道這一點。我只曉得墨西哥灣沿岸的中南段是北美洲蛇類的大本營，種類多達四十種。因此，我一抵達營地，便請工作人員幫忙用木箱和紗網作了一些籠子，在接下來的漫長夏日裡，只要課程安排允許，我就會讓所有夏令營的學員加入我的捕蛇行列。

這段日子裡，平均每天會有好幾次聽到從樹林裡傳來的叫喊：「蛇！蛇！」所有聽到的人都會呼喚同伴衝到現場，等待我這個「蛇王」到來。若是無毒的，我會直接抓住牠；若是毒蛇，就先用一根木棒壓住牠的頭部後方，再向前滾動木棒，直到它的頭部無法動彈為止，然後捏著牠的脖子提起來。接著，我會向圍觀的童子軍展示，對他們講解我對這種蛇的一點認識（通常我知道的不多，但他們知道的更少）。然後，我們會走回營區，把蛇養在籠子裡一個星期左右。我會在我們的「動物園」裡發表簡短談話，談一些我對當地昆蟲和其他動物的新發現（我對植物完全不在行）。就這樣和我的捕蛇小隊度過愉快的夏天。

唯一可能干擾這美好工作的當然還是蛇。我聽說所有的蛇類專家，不論是科學家還是業餘愛好者，一生至少都被毒蛇咬過一次，我也不例外。

夏天過了一半，我去清理蛇籠，裡面關了幾條侏儒響尾蛇，這是種毒蛇，但不會致命。我沒有留意到我的手太靠近一條蜷縮在旁邊的蛇，牠突然彈起來咬了我的左手食指。那時天色已晚，只能到營地附近的醫生辦公室緊急處置，然後把我送回家，好讓腫大的左手掌和左臂休息。大約一星期後，我回到普什馬塔哈，營主任命令我不得再抓毒蛇，就跟在家時父母告誡的一樣。

夏季即將結束，在大家離開之前，營主任舉辦了一場人氣票選活動。由於大部分學員都擔任過捕蛇助理，我輕易就獲得第二名，僅次於輔導長。就在那當下，我發現了這輩子要走的路——雖然還沒想得透徹，目標也還很模糊，但我知道我要成為一名科學家，一位教授。

你有更多的機會

進了高中之後，我很少花時間在課業上，這都要感謝阿拉巴馬州南部在世界大戰期間相對寬鬆的教學體系，以及過於勞累而無暇他顧的老師們，我才能輕鬆度過這段日子。在莫比爾讀墨菲高中的歲月裡，有件事讓我印象最深刻，某天我一揮手就拍死了二十隻蒼蠅，於是把屍體一字排開擺在桌上，留給下一堂課的同學欣賞。第二天上課時，一位年輕女老師沉著地向我道賀，但此後加倍盯緊我的一舉一動。我得很不好意思地承認，我對整個高一只記得這件事。

剛滿十七歲不久，我進入阿拉巴馬大學，成為整個家族第一個大學生。此時，我的興趣已從蛇轉移到蒼蠅和螞蟻。我決心要成為昆蟲學家，而且最好是作田野工作的研究員，因此我盡力讓每一科的成績都保持在A。我發現維持學業成績並不困難（這和今日我所聽到的大不相同），只要讀讀當時能弄到的初級和中級化學與生物學教科書就可以了。

一九五一年我到哈佛大學讀博士，校方相當寬容，認為我在生物和昆蟲的田野工作表現優異，足以彌補先前在阿拉巴馬大學因為過得太愜意而沒學好的普通生物學。總之，我從南方童年到哈佛這段時間裡累積的動能，讓我成為哈佛的助理教授，爾後超過六十年的時間，我在這座偉大學府裡取得了豐碩的工作成果。

我之所以告訴你這段經歷，並不是建議你採取我這種怪異的行徑（雖然在適當的情況下，這可能也是一種優勢）。我並不認為自己在早期正規教育中漫不經心的態度是正確的，我們成長於不同的年代，相較之下，你的時代有更多機會，但要求也更為嚴苛。我之所以坦白地告訴你這些事，只是為了要說明一項重要的原則，這是我在許多成功科學家身上發現的。很簡單：以熱情支持訓練。不論用什麼方法，找出你在科學、技術或其他相關領域中最想作的事情，在這份熱情還沒消失之前，盡力順從它，吸收所需的知識來使心智成長；同時還要涉獵其他項目，廣泛修習一般科學課程，如果有更吸引你的東西出現了，要機靈地適時切換跑道。切記，不要在科學課程中隨波逐流，還指望真愛會自動找上門來，這也許會發生，但我勸你別冒險。就如同你一生中必須面臨的其他重大關頭一樣，處處都有危機，然而，順從熱情所作出的抉擇和努力絕對不會讓你失望。

第二信
別擔心數學

我想快點切入正題，不過在開始討論這一切之前，還剩下一個大問題：數學。它是你投身科學生涯的重要資產，也是一項潛在障礙，在許多未來的科學家眼中，數學是一頭難以駕馭的龐然巨獸。我之所以提起這一點，不是想讓你更加心煩意亂，而是要鼓勵和幫助你，在這封信中，我希望讓你不再擔心數學。

如果你已經具備基本的數學能力，也就是說你已經修完微積分和解析幾何，碰巧又喜歡解決難題，並且認為對數是表現超大數字的簡潔方式，那麼你相當不賴，我不必太為你擔心，至少不是馬上。但是請記住，高超的數學能力並不是——真的不是——讓你在科學上有所成就的保證。稍後我會再解釋這一點，所以請把它放在心裡；事實上，我有些事想要特別提醒那些數學愛好者。

另一方面，若是你的數學能力不足，甚至不太靈光，也無須過於憂慮，你在科學社群裡絕不孤獨。讓我告訴你一個科學界的祕密，相信你聽了以後一定會信心大振：今日世界上許多成功的科學家，都可說是半個數學白痴。這樣講似乎有點前後矛盾，讓我用個比喻來進一步澄清。傑出的數學家通常在拓展科學新疆界時扮演理論建構者的角色，其餘大多數工作則是由基礎研究和應用科學家負責：繪製地形、偵察邊境、開闢捷徑，並在這條通往邊疆的新路上蓋起第一座建築物。這些科學家負責提出問題——有些是數學家可以幫忙解決的——但他們主要是以圖像和事實來思考，只是稍微觸及到數學而已。

你可能覺得我這樣講太過魯莽草率，但我跟有志成為科學家的年輕人交談時，總是以此來幫助他們擺脫數學焦慮症。在哈佛講授生物學幾十年下來，我經常看到優秀的學生因為擔心數學而拒絕以科學為志業，甚至根本不碰非必修的科學課程。為什麼我會關心這件事？因為數學焦慮症不僅害科學界痛失難以估量的人才，也讓許多學科失去有創意的年輕人，這種人才失血問題必須解決。

數學也是一種語言

現在，讓我來告訴你如何紓解數學焦慮症。要知道，數學是一種語言，就像我們日常生活所用的語言一樣，自有一套文法和邏輯系統。任何具備一般智商，並且看得懂、算得出初級數學的人，在解讀數學語言時，都不會遇到什麼困難。

在此，我想用人口遺傳學和族群生態學為例（它們是生物學中相對先進的學科），說明視覺圖像和簡單數學敘述之間的關聯。

想想你的家譜，這其實很有趣。你有一父一母，祖父母加上外祖父母是四位，曾祖父母那一輩一共有八位，曾曾祖父母那一輩則有十六位。換句話說，既然每個人都是由一父一母所生，你的直系血親每往前推一代就增加兩倍。用數學來表示就是$N = 2^x$。在這個數學式中，參數N代表一個人的祖先數量，而x則是回推的世代層數。那麼，十代以前你有幾個祖先呢？我們不必逐代寫出來，可以直接用數學式來表示：$N = 2^x = 2^{10}$；或是倒過來以下列方式表示：$2^{10} = N$。因此，當$x = 10$，你的祖先有$N = 1{,}024$位。現在，將時間軸逆轉過來，想想從現在開始往未來推算個十代，你可望會有多少後代？在估算後代時，整件事變得複雜一點，不過我們可以仿效數學家通常採用的作法，只要假設基本原則就好，即每對夫婦會有兩個孩子存活下來，而每一個後代的壽命都保持不變。（平均生兩個孩子與今日美國的實際狀況相去不遠，而且也很接近2.1這個數字，這是維持本地族群數量的最低數字。）換言之，在十個世代後，你將會有1,024個子孫。

為什麼要算這個？因為它可以讓我們概略了解每個人的基因來源和後續狀況。事實上，有性生殖會拆散每個人特有的基因組合，將其中一半和別人的基因重組，創造出下一代的基因組合。過不了幾代，任一親代的基因組合就會在整個族群的基因庫中被稀釋、拆解。假設你有一位傑出的祖先曾經在美國獨立革命中奮勇作戰，你大概還有約兩百五十位的直系祖先跟他活在同一個時代，當中可能有一兩個是偷馬賊（我的八位曾曾祖父中，有一位南方聯盟軍的退伍軍人，就是個惡名昭彰的馬販，不比偷馬賊好到哪裡去）。

與其計算族群數量每隔一代的跳躍性成長，數學家比較喜歡使用指數增長的方式來表現大型族群在一段特定時間內的數量變化，這是利用微積分去推導出來的，以 $dN/dt = rN$ 來表示族群數量的增長率。在這個方程式裡，dt 表示任何一個短暫的時間間隔（可以選擇小時、分鐘或者是更短的時間單位），dN 表示此期間的族群增長數量，dN/dt 的微分計算結果就是族群增長率；也就是族群個體的瞬間數量 N，再乘以一個常數 r，這個常數的大小取決於族群特性和其生存環境的條件。

你可以隨便挑選一個你感興趣的 N 和 r，然後運算這兩個參數，要跑多少世代都可以。如果 dN/dt 這個微分方程式大於零[3]，而且假設這個族群能夠無限制地以相同的速率增長（不管是細菌、老鼠或人類），你會很驚訝的發現，要不了幾年，這個族群的重量將會超過地球，甚至是整個太陽系與整個目前已知宇宙的總合。

在數學上看似正確的理論，有時候會導向空想式的結論；但也有不少模型是與現實吻合的，可以傳達正確的意義，刺激我們改用很不一樣的方式去思考。有個相當知名的例子，便是由我剛才所描述的那種指數增長關係中推導出來的：假設在一個池塘中種了一株睡蓮，隔天增生成兩株，這兩株每過一天又各自增生一倍，這樣過了三十天，池塘就會填滿，沒有空間可以再讓睡蓮繼續增加；那麼，池塘會在何時處於半滿的狀態呢？答案是第二十九天。這是靠常識就可以想到的初級數學，經常用來凸顯族群增長過快的風險。過去兩個世紀以來，全球人口每隔幾個世代就增加一倍。大多數的人口學家和經濟學家都認為，一旦全球人口超過一百億，地球將很難維持下去。人類數量最近已超過七十億，那麼地球是在何時達到半滿的狀態呢？專家表示早在幾十年前就達到了——人類正加速駛進一條死巷子裡。

永遠不嫌遲

你越是逃避，就越難掌握數學語言，連達到一知半解的程度都不容易，這就跟學習任何一種語言是一樣的；但是，不論在任何年齡，都有可能提高數學能力。在這方面，我可以算是權威，因為我本身就是一個極端的例子。

我原本是在南方的窮鄉僻壤唸書，當時恰好是經濟大蕭條的末期，

3 由於N表示「族群瞬間數量」，數值必定為正數，所以，當$r<0$時，族群成長率為負值，數量將會逐漸減少；當$r>0$時，數量將會逐漸增加；當$r=0$的時候，族群數量將維持恆定。

學校根本沒有能力開設代數課程，我直到進入阿拉巴馬大學才接觸到這門課；到三十二歲當上哈佛大學的終身教授，我才開始學習微積分。那時我尷尬地坐在教室裡，和一群年齡只有我一半的大學生一起上課，當中還有幾位是我演化生物學班上的學生。我吞下自尊，學會了微積分。

我得承認，補修這些課程時，我的成績很少超過C，不過我發現，提昇數學能力就像練習說外語一樣，只要付出更多努力，並且和內行人交談，就可以越來越流利，這讓我放心許多。但野外和實驗室研究的工作沈重，我其實無暇顧及課業，因此只有進步一點。

數學天賦可能有部分來自遺傳，這意味著有某群人所展現出的數學能力差異，來自於群體內部一些可以被觀測到的基因差異，而不是完全來自於他們的養成環境。遺傳差異是你我強求不來的，但絕對有可能透過教育和練習來大幅降低環境造成的變異。數學的美妙之處就在於可以自行學習。

既然已經扯得這麼遠，我想乾脆再深入一點，解釋一下「如何獲得優秀的數學能力」。持續的練習可以讓我們想都不用想就能作出基本運算[4]，這跟組成單字和片語差不多；然後，如同我們幾乎是在不需思考的狀態下將單字、片語組成句子，將句子聯結成段落。數學也是如此，可以輕而易舉地將各種運算單元組合出更為複雜的序列和結構。當然，數學論證有非常多種形式，包含公理的假設和證明、追查數列以及發明新的幾何模式。不過就算沒受過這類高等純數學訓練，還是可以學到足以看懂絕大多數科學期刊上的數學式。

形成概念的能力最重要

只有少數幾門學科才需要高超的數學能力。目前我能夠想到的是粒子物理學、天體物理學和資訊理論，在其餘的科學和應用領域中，形成概念

4 比方說：「若 $y = x + 2$，則 $x = y - 2$」。

的能力更為重要。在形成概念的過程中，研究人員直覺地將種種片段組合起來，使其成為視覺圖像。大家或多或少都有能力辦到。

假設你是牛頓，正在思考自由落體的問題（傳說中，他被一顆從樹上掉下來的蘋果啟發）。設想這物體在非常高的位置落下，譬如從飛機上掉下來的包裹，這個包裹會加速到時速一百九十幾公里，然後維持這個臨界速度直到撞擊地面為止。該怎麼解釋這個不斷加速直到臨界速度的過程呢？使用牛頓運動定律，再加上空氣壓力即可，就是一般用來推動帆船的那種力。

再多談一會兒牛頓。他注意到光線穿過彎曲的玻璃時，有時會出現彩虹的顏色，而且順序總是紅黃綠藍紫，由此觀察，牛頓認為白光其實是彩色光線的混合。他讓一組混合的色光通過棱鏡，結果出現白光，證明了這個假設是正確的。後來的科學家，利用許多其他的實驗和數學推導，才了解顏色來自於不同波長的輻射。我們所能看到的最長波長，會引發紅色的視覺感受，而最短的波長則引發藍色的視覺感受。

你可能早就聽過牛頓的一切傳聞。不管你知不知道，現在讓我們跳到達爾文。在一八三〇年，年輕的他跟著英國政府的小獵犬號，前往南美洲，在那裡的海岸來回航行了五年。在這麼長的一段時間中，他廣泛而深入地探索和思考大自然，在那裡發現了許多化石。其中有些是已經滅絕的大型動物，類似現代的馬、老虎和犀牛，但有許多重要特徵都和現代物種大相逕庭。牠們是諾亞來不及拯救的受害者嗎？因為沒能逃過聖經上記載的大洪水，而留在地層中？但這實在不太可能。熟讀聖經的達爾文想必知道，諾亞當時拯救了所有物種，但這些南美動物顯然不在其中。

身為一位年輕博物學家，從歐洲大陸來到美洲大陸，達爾文注意到一個現象：一個大陸上的鳥類和動物，在另一個大陸上會被極為相似，但明顯不同的種類所取代。他當時一定對此感到十分好奇，想知道到底是怎麼回事？今天我們知道這就是演化，但這個答案對年輕的達爾文來說是個禁忌——在他英格蘭的老家，公然抵觸聖經內容會被斥為異端，而他在劍橋大學的修業原本可是要當神職人員的。

在回程路上，他終究還是接受了演化的概念，並且很快就開始思索演化的原因。這是神意嗎？不太可能；會是如法國動物學家拉馬克[55]所言，直接由環境造成的嗎？其他人早已推翻了這個理論。會是生物體遺傳組成中逐漸累積變異，然後一代代展現出來嗎？這實在很難想像。無論如何，達爾文很快就想出另一種可能的歷程——天擇。即物種內部出現帶有強勢遺傳變異的個體，有的能夠延長壽命，有的可以增加繁殖數量，或兩者兼而有之，帶有這些強勢變異的個體，會逐漸取代同一物種裡頭相對弱勢的個體。

天擇的想法和邏輯推演過程，多半都是達爾文在家鄉的田園間散步、駕駛馬車——或最重要的——坐在自家花園裡盯著蟻丘時，慢慢彙整成形的。達爾文後來表示，要是他那時想不通該如何解釋，不具生殖能力的工蟻如何將工蟻的身體構造和行為傳給下一代，他可能會放棄整套演化論。所幸，他想到了解決方案：工蟻的性狀是透過蟻后傳遞的。工蟻和蟻后具有相同的遺傳組成，但是以不同的、會使生殖能力失效的方式養大。據傳聞，有一天，女僕看到他在花園裡盯著蟻丘出神，她後來對一位住在附近著作頗多的小說家說：「真可惜，達爾文先生不像薩克雷先生您一樣，懂得怎麼打發時間。」

每個人多少都會像科學家一樣作作白日夢，只要努力不懈又有紀律，幻想其實是所有創造性思維的源泉。牛頓作夢，達爾文作夢，你可能也在編織夢想。最初拼湊出來的形像可能很模糊，沒有確定的輪廓，若隱若現。等到將它們勾勒在紙上，會變得清楚些，這時它們就有了生命，成為真正可以追尋探索的目標。

5 尚-巴替斯特．拉馬克（Jean-Baptiste de Lamarck, 1744-1829）法國動物學家，於一八〇九年出版《動物學哲學》，提出解釋生物演化過程的「拉馬克學說」。此學說有兩大主軸，一是「用進廢退論」，生物經常使用的器官會逐漸進化，少用或用不著的器官會逐漸退化；二是「獲得性遺傳」，生物可以將後天鍛鍊的成果遺傳給下一代，例如長頸鹿本來是短頸短腿，但是為了吃到高處的樹葉而努力伸長脖子和前腿，一代代累積下來就演化成長頸長腿的體型。

讓數學為你服務

只有少數的科學先驅會從純數學中獲取概念，找到重大發現。世人對科學家懷有刻板印象，通常是個站在寫滿密密麻麻公式的黑板前的身影，但那其實是教師的形象，他是在對學生解釋已知的科學發現。真正的科學進展出現在田野調查時，在研究室裡亂寫亂塗，在走廊上吃力地對朋友解釋，獨自吃午飯的時候，甚至是在花園裡散步途中。努力工作才能帶來靈光一現的機會——當然還要專注。一位傑出的研究人員曾經對我說，真正的科學家可以一邊與另一半聊天，一邊還能思考研究題目。

若研究主題是關於了解世界的某些單元，或某個單元組合時，最容易出現新的科學想法。它們來自於現有知識體系中已知的，或可推測而來的實體片段，以及該片段內的歷程。當遇到一些新事物時，後續步驟通常需要用到數學和統計方法，以進行分析。要是發現者認為這個步驟的技術太過困難，可以找數學家和統計學家一起合作。我自己就曾和他們合寫過多篇論文，我有信心提供以下原則，就讓我們稱此為「**一號原則**」：

由科學家去找數學家和統計學家一同合作，解決問題，遠比數學家和統計學家去找科學家來運用他們發明的方程式容易得多。

比方說，在七十年代末期，我和數學理論家喬治．奧斯特[6]一起討論社會性昆蟲的階級和分工原則，我提供給他所有在自然界和實驗室發現的細節，奧斯特根據我所描繪的這個真實世界，從他的數學工具箱中找出方法，建構出假設和定理。要是沒有我提供的訊息，奧斯特或許會研發出一套以抽象術語表達的廣義理論，足以涵蓋宇宙中所有可能的階級和勞動分工，卻沒有辦法由此回推，在這個包山包海的理論體系中，哪些部分符合

6 喬治．奧斯特（George Oster），現為加州大學柏克萊分校分子與細胞生物學系教授，研究主題為分子與細胞發育過程的數學理論模型。

存在於地球上的真實狀況。

實際觀察和數學論證之間的失衡，在生物學中尤其明顯，通常是因為一開始就誤解，或沒有注意到造成真實現象的因素。理論生物學中充斥著種種數學模型，有些一望即知可以直接忽略，有些則是經過檢驗後發現與現實不符。真正具有長久價值的可能不超過百分之十，只有那些和真實生物世界系統知識密切相關的，才有用得上的機會。

要是你的數學能力太差，想辦法提昇它，但同時要知道，就你現有的能力，也可以作出色的工作，尤其是在靠大量積累田野調查數據的領域中。譬如說分類學、生態學、生物地理學、地質學和考古學。若你想去的是需要作許多實驗和定量分析的專門領域，千萬要三思而後行，這些都會涉及大量的物理、化學以及分子生物學中的專門知識。隨著你的發展步調，學習那些可以提高你數學能力的基礎知識，倘若你的數學仍然薄弱，那就在廣大的科學領域中另覓他途，尋求你真正的幸福吧！相反地，要是你覺得收集資料所帶來的樂趣，比不上作實驗和數學分析，那就遠離分類學和上述其他描述性的學科。

以牛頓為例，他是為了要驗證他的想像，才發明了微積分。達爾文自己也承認，他的數學能力並不好，甚至一竅不通，但卻能夠用他累積的大量資料，構思出一個後來能夠用數學模型去詮釋的歷程。對你來說，重要的步驟是找到一個符合你的數學能力的主題，並且專注於此，當你這樣作時，請記得我的「**二號原則**」：

> 對每一位科學家來說，無論是研究員、技術專家還是教師，無論數學能力如何，都能在科學中找到一門學科，以其數學能力就可獲得卓越成就。

第三信　勇於改變

這封信希望能協助你在同儕之間找出方向。

當我還只是十六歲的高中生時，已經決定要選出一個物種族群，等到下一個秋季進大學時好好研究。我想過矛翅蠅家族，牠們迷你的身軀在陽光下閃耀如寶石，但那時找不到適合的設備或文獻來研究牠們。於是，我選了螞蟻——純粹就是運氣好，那是一個正確的選擇。

抵達位於塔斯卡盧薩的阿拉巴馬大學後，我向生物系辦公室呈上精心準備的，分類好的螞蟻標本，然後開始我的大一新鮮人生活。不知是我的天真打動了校方，還是他們真的慧眼識英雄，看出我的潛力，或者兼而有之，總之他們相當歡迎我，還給我一架平臺顯微鏡和一處個人實驗空間。獲得系裡如此的支持，加上在普什馬塔哈夏令營的成功經驗，讓我深深覺得自己選對了科系和學校。

然而，我的好運氣其實來自一個全然不同的地方——是我一開始選的螞蟻。這些六腳迷你小戰士是昆蟲中數量最豐富的，因此，在世界各地的陸域環境中，牠們都扮演著重要的角色。在科學研究中，牠們也同樣重要，因為螞蟻、白蟻與蜜蜂是所有動物中，社會制度最完備的。然而，令人驚訝的是，在我進大學時，全世界大約只有十幾位科學家以螞蟻為研究主題——我搶先挖到金礦了。後來，我所有的專題研究，無論它多簡單（其實全都很簡單），幾乎都能在學術期刊上發表。

遠離槍砲聲

這個故事對你而言意義何在？太重要了。我相信任何有經驗的科學家都會同意我的看法，在選擇進行原創研究的知識領域時，最明智的作法是去找一個人煙稀少的地方，只要稍微比較一下各領域有多少學生和研究人員，就能評估你的機會。

這並不是要否定廣泛涉獵的重要性，也不是否定加入卓越的研究計畫中向優秀研究者學習的價值，這些都有助於你結識同輩的朋友和同事，相互支持。然而，儘管有這一切好處，我還是要勸你另闢新路，找出你可以自己進行的主題。若是以每年每名研究人員作出多少科學發現來衡量的話，這可能是進展最快的方式。如此一來，你有更大的機會成為領先者，長時間下來，你可以獲得更多自由發展的機會。

任何一個主題，如果已經有許多人關注它，或者它具有迷人的光環，而且研究者都是有大筆經費資助的各種獎項得主，你最好遠離這個主題。

多聽聽熱門研究的消息，弄清楚它們發展成熱門課題的過程和原因，但是，當你要作自己的長期規劃之前，請記住那些領域已經人才濟濟，你只是一個新人，恐怕只能扮演一群受動將領麾下的小卒。

撇開那些看起來很有趣、很有前途的題目，選擇還沒有甚麼專家在彼此競爭的，沒有或很少提供獎項或獎學金的，而且研究文獻中欠缺豐富數據和數學模型的主題。剛開始，你可能會覺得孤單，充滿不安全感，但其他一切都是平等的，在這樣的地方，你更有機會嶄露頭角，及早體驗找到科學新發現的快感。

你可能聽過召喚部隊前進戰場的軍事規則：「往槍砲聲前進。」在科學界則剛好相反，正如我為你擬定的「**三號原則**」：

遠離槍砲聲，儘可能從遠處觀察戰局。

萬一你身陷其中，設法為自己創造一個新戰場。

一旦你找到自己喜愛的題目，若是你全心投入研究，讓自己成為世界級的專家，你成功的機率將大幅提高。這個目標並沒有看上去那樣困難，即使對研究生來說也是如此。這話並不誇張，科學裡有成千上萬的主題，從物理、化學、生物到社會科學，一定有題目能在短時間內就讓你成為權威。若這題目持續乏人問津，只要你辛勤耕耘，甚至能在年紀輕輕時，就成為全世界唯一的權威。社會需要這樣的專業，也會獎勵那些願意取得它的人。

你未來的發現，和目前存在的資訊之間可能不太一致，而且難以和其他知識體系聯結。若真是如此，那真是太棒了。為什麼通往科學新疆界的道路通常都這麼難走？答案就在「**四號原則**」中：

> 在通往科學新發現的路上，每一個問題都是一個機會。越是困難的問題，它的答案可能越重要。

越極端的例子，越能夠清楚看出我提出的原則堪稱至理名言。定序人類基因組、探尋火星上的生命跡象、尋找希格斯玻色子，這些計畫分別對醫學、生物學和物理學都至關重要，每個項目都需要投入上千人力，耗資數十億美元，當然這一切的麻煩和花費都是有價值的。但是，在田野研究，以及沒有那麼先進的研究主題中，規模相對要小得多，只需要一個小團隊，甚至一個人就夠了。只要認真努力，就可以用相對較低的成本進行重要的實驗。

如何提出科學問題

寫到這裡，我要談談如何提出一連串的科學問題，以及獲得一連串的新發現。

科學家（包括數學家在內），有兩種途徑可以依循。首先，在研究初期就確認一個問題，然後設法找到答案；這個問題可能相對簡單（例如尼羅河鱷的平均壽命有多長？）可能複雜（暗物質在宇宙中的角色為何？）當答案出現時，通常還會發現其他現象，帶出其他問題。第二種策略則是儘可能全方面的研究某一主題，尋找任何未知的，甚至是超乎想像的現象。這兩種原創性科學研究的策略便是「**五號原則**」：

> 在科學的任何一個學門中，每個問題都有一個相對應的物種、實體或現象，可作為尋找答案的最佳選擇。（例如研究記憶細胞基質的時候，最理想的實驗材料是海兔這種軟體動物。）
>
> 相反的，每一個物種、實體或現象，都會幾個有最適合用它來解決的重要問題。（例如以蝙蝠為研究對象時，就相當適合探討聲納問題）

兩種策略顯然都行得通，你可以同時或先後使用，但是，一般而言，選用第一種策略的科學家是天生的問題解決者。他們很容易依照其偏好與天賦來選定一種特殊的生物、化學化合物、基本粒子或物理過程，去解答其性質和在自然界中的作用。這就是物理學和分子生物學的主要研究活動。

下面是我虛構的情節，但我可以向你保證，這與實際發生在實驗室裡的場景十分接近。

時間是下午，實驗室裡有一小群身著白袍的男男女女，正在讀取螢幕上實驗結果的數據。那天早上，在進行實驗之前，他們先在附近的會議室討論，輪流到黑板前寫下不同的論點。喝光咖啡、吃完午餐，講了幾個笑話之後，他們決定進行實驗以驗證某個論點。

如果讀取的數據合乎預期，那就太棒了，這便是一個真正的線索。團隊主持人會說：「這就是我們在找的。」那確實就是！這次的目標是一種新的荷爾蒙在哺乳動物體內的作用。

不過，主持人接下來會說：「讓我們先來開香檳。今晚，我們上館子吃好料，開始討論下一步要怎麼走。」

在生物學中，以問題為導向的第一型策略（對每一個問題，都有適合的生物可供研究），使得研究人員非常倚重目前已開發出來的幾十個「模式物種」[7]。當你研讀遺傳的分子基礎時[8]，會發現很多知識來自於一種生活在人體腸道的細菌，名為大腸桿菌；研究神經系統的細胞組織時，則會發現許多知識都來自於線蟲；等你讀到基因學和胚胎發育學時，你將會對果蠅這個指標性物種非常熟悉。一切理當如此，深入了解一件事會比膚淺地認識許多事來得好。

不過，請記住，在未來的幾十年裡，頂多也只會出現幾百個模式物種，至於其餘將近兩百萬個物種，在科學裡只會有簡短的描述和一個以拉丁文

7 模式物種（model species）適合當作模式物種的生物，通常具備以下特性：繁殖容易、生命週期短、尺寸不大、容易控制。

8 分子基礎（molecular basis）從分子的層次去研究、解釋更高層次的細胞、器官、生物等現象。

寫的學名。雖然牠們與模式物種類基本上非常相似，但在解剖、生理和行為等方面依然具有極大的的特殊性。現在，不妨試著在腦海裡比較不同的物種，首先回想一遍天花病毒以及你對它所知的一切，然後以同樣的方式去想想變形蟲、楓樹、藍鯨、帝王蝶、虎鯊和人類。我之所以要你這麼作，是希望你明白，每個物種都自成一個世界，擁有獨特的生物性狀，在生態系中扮演各自不同的角色，而且經歷過幾十萬到幾百萬年的演化過程。

在研究任何一群物種時，不論是只有三種現生種的大象[9]，還是有一萬四千種的螞蟻，若生物學家盡可能廣泛地學習與其相關的一切生物現象，那多半就是依循第二型策略的研究人員，將他們稱為科學博物學家比較適合。他們熱愛自己挑選的生物，喜歡在野外的自然環境中研究。他們會正確無誤地告訴你，這個物種擁有的數不清的細節和美感——即便是粘菌、糞金龜、蜘蛛或響尾蛇等大多數人起初都不認為具有什麼吸引力的生物。他們的樂趣在於尋找新發現，越驚人的越好。這些人通常是生態學家、分類學家或生物地理學家。下面所描述的場景，是我親身經歷過很多次的經驗。

在雨林中的營地裡，兩位生物學家收到網路傳來的指示，然後背起沈重的設備，走入密林深處採集物種，好帶回實驗室進行DNA分析。

「天哪，這是什麼？」一名生物學家指著一隻奇形怪狀，顏色鮮豔的小動物，牠附著在棕櫚葉的下方。「我想這是一隻雨蛙。」他的同伴答道。

「不，不，等等，我從來沒看過這種生物，牠一定是新物種。這到底是什麼鬼東西？聽好，小心地接近，不要把牠嚇跑了。耶！抓到了。先不要泡進防腐劑，搞不好這是瀕危物種。我們帶活體回去營地，看看可以在生命大百科（EOL）上找到什麼資料。那個康乃爾大學的傢

9 現存大象只有三種：普通非洲象、非洲森林象、亞洲象。

伙，他對這類兩棲動物很熟，我想可以先和他聯繫看看。不過，我們應該先在這裡多找幾個標本，把所有資料都帶回去。」

這兩人返回營地後，便上網查詢資訊。他們的發現相當驚人，這隻蛙自成一個新屬，和已知的任何一種青蛙都沒有關聯。更令人難以置信的是，這兩人立刻上網把這個發現傳給世界各地的兩棲專家。

在科學界的職場中，你可以依循的路徑不計其數。你的選擇可能會帶領你走進我所描述的場景，也有可能截然不同。你選的題目，就跟你的真愛一樣，必須讓你感興趣、充滿熱情、願意為它奉獻一生，並且樂在其中。

第二書

創造的過程

The Creative Process

第四信　何謂科學

科學除了幫助我們認識天地萬物之外，同時還可以增強人類的能力，這份宏偉的事業到底是什麼？簡言之，這是一套關於現實世界的知識體系，架構良好而且可以檢驗，其內容包羅萬象，甚至包含人類自身，與神話和迷信中千奇百怪的信仰截然不同。科學是一種結合體力和心智的活動，有越來越多受過教育的人將它當成嗜好，視其為一種啟迪心智的文化活動，是獲取事實性知識最有效的方法。

進行科學研究時，你會不斷聽到「事實」、「假設」和「理論」這些概念性字眼。但若不與實際經驗相結合，很容易流於空談，因而誤解或誤用這些抽象的概念。只有在了解其他科學家的研究過程之後，或者你親自體驗過了，才有可能掌握這些概念的完整意涵。

提出假設

現在就讓我以親身經歷來跟你解釋這些科學用語。從一個簡單的觀察開始：

> 螞蟻會把蟻屍搬出蟻巢。有些種類的螞蟻只是隨便扔在蟻巢外，但其他種類則會將蟻屍成堆擺放，堪稱是一座「墓園」。

觀察到這樣的現象時，我想問的問題其實很簡單，但很有意思：「螞蟻怎麼知道身邊有隻死螞蟻？」即使是在完全黑暗的地下巢穴中，螞蟻也能認出屍體，顯然牠們不是透過視覺去查知死亡。而且，若一隻螞蟻剛死不久，即便是在明亮的地方，六腳朝天地躺在那裡，也沒有同伴會注意到牠。一直要到屍體腐化一兩天之後，這個蟲體對其他螞蟻來說才算是一具屍體。

我猜（此時我作了一個假設），搬屍螞蟻是靠屍體腐化時的氣味來辨認死屍。我還推測（這是我的第二個假設）在屍體的滲出物中，只有少數物質才會觸發這種棄屍反應。第二個假設的靈感來自於一項演化原則：地球上絕大多數動物的大腦都很小，牠們往往只接收身邊最簡單的線索來指引行動。腐化中的屍體會釋放出幾十種甚至是幾百種化學物質，可作為信號讓螞蟻選擇行動。要是在人類世界中，我們當然可以將這些物質一一解析釐清，但是對於大腦只有我們百萬分之一的螞蟻來說，全面分析是不可能的任務。

驗證假設

若我的假設成立，會是哪些物質引發棄屍行動呢？是所有物質？少數物質？或者根本不是這些物質？我去找化學材料供應商，買來各種屍體分解時釋放的物質的合成樣品，包括糞便的主要成分糞臭素、死魚的主要氣味三甲胺、各種脂肪酸和以及在一種死蟲身上發現的酯類。這段時間我的實驗室聞起來簡直就像是停屍間再加上污水廠。我把微量的試劑滴在紙作的假屍體上，然後塞到蟻群中。經過大量發臭的試驗和錯誤，我發現油酸和其中的一種油酸鹽類會引發這種反應。其他物質不是完全被忽略，就是只引起一陣騷動。

我用另一種方式又重複了這個實驗（我得承認這次只是為了自娛娛人而已），把微量的油酸抹在搬運屍體的工蟻身上，牠們會變成「活死蟻」嗎？果不其然，牠們變成螞蟻界的「殭屍」了，儘管奮力掙扎，六腿亂踢，還是被巢友抬起搬到墓園裡扔掉。一直到牠們把自己清理乾淨，才能重返家園。

於是我又有了另一個想法：蒼蠅和金龜子這些靠撿拾各類殘渣維生的昆蟲，應當也是靠著嗅覺去尋找動物的屍體或糞便，而且只需要辨認物質腐敗時釋放出的少數幾種化學物質就可以了。這是一種「一般化」或「概化」的推論，在學界相當普遍，它是基於一些拼拼湊湊的事實，再加上邏輯推理，便產生了理論。當然，還需要在其他物種身上進行更多這類實驗，才能有足夠的信心將這些發現稱為「事實」。

那麼，以最廣義的角度來看，到底什麼是科學方法呢？科學方法從發現一種現象開始，比方說看到螞蟻的古怪行為，或是找到一種無法歸類的有機化合物，或是發現一種新植物，甚至是一處海溝裡的神祕水流。科學家會問：「這種現象的性質為何？是什麼引起的？源自於何處？會產生怎樣的後果？」這些疑問便會引出科學問題。那麼，科學家是如何找到科學問題的解決辦法呢？總是會有線索的，而且他們會很快地提出各種想法去形成解決方案。這些想法就是假設，很多時候純粹只是合理的邏輯推測。

最明智的作法是一開始就盡可能地列出各種可能的解答，然後全部進行檢驗。可以逐項檢驗，或是分組進行，在檢驗過程中不斷排除，直到只剩下一個，這方法就是所謂的「多競爭假設」。

多競爭假設並不是最普遍的方法，坦白說，通常都不是這樣。許多科學家傾向於一次只檢驗一個假設，或是一對非此即彼的互斥假設，特別是在假設是他們自己提出來的時候。畢竟，科學家也是人。

在研究的初步階段，很難提出所有可能的假設，更別說要清楚定義它們。這種情況在生物研究中尤其普遍，主要是因為生物現象牽涉到太多因素，有些甚至是未知的因素。而那些已知的因素通常會彼此重疊，交互影響，再加上環境的外來干涉，綜合起來使得觀察和測量工作變得困難重重。在醫學中，癌症便是最典型的例子；在生態學中則是生態系的穩定性。

因此，科學家只能竭盡所能地去嘗試，一路上憑著直覺、猜測，拼拼湊湊地收集資訊，不斷堅持下去，直到所有的解釋可以合理地湊在一起，達成共識，這過程有時很快，但大多數都相當漫長。

啟發式理論的價值

唯有當一個現象在明確界定的條件下，呈現出不變的性質時，才可以說先前提出的「科學解釋」是「科學事實」。發現氫是一種不能分解成其他物質的元素，這就是一個事實。攝取過量的汞會導致幾種疾病，則必須經過充分的臨床研究後，才會成為科學事實。很多人相信，因為一兩種在人體細胞內的化學反應，汞會導致一系列類似的疾病。汞具有致病性的這個想法，可能會，也可能不會透過進一步的研究去證實。此時，研究雖然還不完整，但這想法已經算是一個理論了。就算這理論有誤，也不全然是個壞的理論。至少這會刺激新的研究，增加更多知識。這就是為什麼有許多理論，即便後來都被推翻了，還是可稱為「啟發式理論」[10]的原因，主要便是因為它們有助於推動新發現。

順帶一提，啟發式（heuristic）這個單字源自古希臘科學家阿基米德的故事，意思是「我找到了」。話說，有天他泡在公共浴池裡，思考該如何測量形狀不規則的物體的密度。他想到可以把物體放進水裡，由水面上昇的幅度就可測量其體積，還可以由下沈的速度來估計其重量，而密度便是以其重量除以其體積。據說，阿基米德一想到這個主意，立即從跳出浴池跑到街上，大喊：「ευρηκα!」希望那時他是有穿浴袍的。說得更具體一點，他當時找到了判斷王冠是否為純金的方法，因為銀這種貴金屬的密度比金小，所以純金的密度會高於金銀混合物。更重要的是，阿基米德發現了測量所有固體密度的方法，不論其形狀或成分為何。

現在讓我們以更重大的案例來思考科學方法，這要回到一八五九年達爾文出版《物種起源》的時代。長久以來，許多人認為生物的演化只是理論，而不是事實；然而，光是由達爾文時代的證據，就足以說明演化是事實，至少能夠確定在某些年代的某些生物身上已經發生過。今日，從植物、真菌、動物到微生物等各類生物的龐大遺傳特徵中，已經累積了許多有說服力的演化證據，生物學門內的每個學科都可以提供證據去解釋，它們環環相扣，迄今還沒有發現任何例外，因此我們可以很有信心地說：「演化是事實。」

在達爾文的時代，人類是早期靈長類動物後代的想法只是一個假設，但現在有大量的化石和基因證據可以支持這個假設，因此堪稱為事實。演化還是有理論推測的部分——即這一切都是透過「天擇」發生的。天擇可

10 啟發式理論雖然並非最終的結論，但它足以在科學研究的初期階段解答某些問題，並引導出更多、更深入的問題、研究和解答，因此仍然具有重要價值。譬如，丹麥物理學家尼爾斯．波耳（Niels Bohr, 1885-1962）在一九一三年提出了氫原子結構的波耳模型，用簡單的數學成功地解釋了電子在原子內部運動的方式，被視為「舊量子力學」中最巨大的成果，也引導其他科學家朝正確的方向繼續探索，最終獲得了更正確完美的量子力學理論。

以這樣簡單解釋：在一個會相互交配的族群中，某些遺傳特徵的組合會比其他組合更適應環境，造成不同的生存和繁殖成功率。這個推論已經用各種方式檢驗過了很多次，現在稱它為事實一點也不為過。在整個生物學界，演化論的影響力深遠，從過去到現在都是如此。

生物學也有定律

觀察到定義良好而且具有高度一致性的現象時，例如磁場中的離子流、在無重力真空狀態中移動的物體，或是氣體體積隨溫度變化而脹縮的現象，便可以精確地測量其變化幅度，並且以數學形式寫成定律。在物理和化學領域，比較容易找到定律，在這些領域中，可以透過數學推理，輕易地演繹並深化。那麼，生物學中也有定律嗎？

最近幾年我大膽地提出生物學也有兩條定律可循。第一條定律是「所有的實體和生命歷程，都遵從物理和化學中的定律」。雖然生物學家很少談到其中的聯結，至少不會特別談到定律的問題，但研究分子和細胞的人通常都相信確實如此。在我所認識的科學家中，沒有一位認為有必要去尋找所謂的「生命力」[11]——生物體特有的力量或能量。

生物學的第二條定律比前述的第一條更具臆測性：「一切的演化都來自於天擇，而不單只是由於高突變率，以及相互競爭的基因在數量上的隨機波動所造成的微小隨機擾動」。

科學的基礎力量，不僅是來自於物理、化學和生物學等等單一學科內部的聯結，也來自於跨越這些基礎學科之間的聯結。在科學和哲學中一直有個懸而未決的大問題：「在自然科學中，相去甚遠的知識體系之間的聯

11 生命力（élan vital）為法國哲學家亨利・柏格森（Henri Bergson, 1859-1941）在其一九〇七年著作《創造性演化》中提出的概念。他認為生命力是生物內部負責生長、變化以及適應的力量，藉以討論演化過程中，生物日益複雜的自我組織和自發性形態變化等問題。

結（即知識大融通），可以擴及到社會科學和人文科學？甚至是藝術創作嗎？」我認為是可以的，我甚至相信，在二十一世紀未來的時間裡，建構這種跨領域聯結的工作，將會是知識領域中最重要的活動。

為什麼我和其他人會產生這樣極具爭議性的想法？因為科學是現代文明的泉源，而不只是等同於宗教或超驗冥想的「另一種認識世界的方法」。科學並不會奪走包括藝術創作在內的各種人文學科的精髓，相反的，科學可以提供其他方法來增添人文學科的內涵。

比起宗教信仰，科學方法長久以來都能更貼切地解釋人類的起源和意義。組織架構較為嚴謹的宗教，會像科學一樣提出創世神話來解釋世界的起源、天球的構造，甚至解釋時間和空間的性質。這些神話，主要來自於古代先知的想像和頓悟，各宗教的說法也莫衷一是，不論有多精彩，多麼能夠撫慰信徒，這些故事彼此都相互抵觸。而且一旦以現實世界來檢驗，就發現它們破綻百出，從來都是錯的。

創世神話的錯誤更進一步證明，宇宙以及人類心靈的奧祕不能單憑直覺來解釋。而且，單單憑藉著科學方法，就能夠將人類從我們動物祖先遺留的狹隘感官世界中解放出來。人類曾經相信是光讓他們看到一切，現在我們知道，活化大腦視覺皮質層的光波，僅是電磁頻譜上的一小段區域而已，從極高頻的伽馬射線到極低頻的輻射，完整的頻譜其實涵蓋好幾個數量級[12]。分析電磁頻譜，讓我們得以認識自然光的真正性質，對整體的認識更促成了無以計數的科技進展。

通過檢驗的才是真理

人類曾經相信地球是宇宙的中心，靜靜地固定在那裡，太陽在外圍繞

12 在科學裡，每十倍就稱為一個數量級，例如「千」比「百」高一個數量級，「億」比「萬」高四個數量級。作者在這裡的說法是簡化了一些，在理論上，完整的電磁頻譜是無限的，目前可測量的則已涵蓋超過幾十個數量級。

行。現在我們知道，太陽只是銀河系兩億多顆恆星中的一顆，這些恆星都會透過萬有引力而拉住各自的行星，想必當中也有許多類似地球的星體。類地行星上會有生命嗎？也許吧！依我看來，在不久的將來，我們就會知道答案，這當然還是要歸功於先進的光學和光譜分析的科學方法。

人類曾經相信自己這個種族是由超自然力量創造出來的，現在我們明白，全然不是這麼回事，我們這個物種和現代的黑猩猩有共同的祖先，都是六百多萬年前非洲猿類的後代。

正如弗洛伊德所言，哥白尼證明地球不是宇宙的中心，達爾文則告訴我們，人類不是生命的中心，而他本人更進一步向世人宣告：「我們甚至不是自己的中心，連自身的想法都無法控制。」當然，這位傑出的精神分析學家能構思出這個想法，有一部分要歸功於達爾文和其他人，不過他確實講出了重點：「我們的意識只是整個思考過程的一部分而已。」

總體而言，透過科學，我們已經能夠用一致而且更令人信服的方式來回答宗教和哲學裡兩個大問題，它們看來都很簡單：人從哪裡來？人類是什麼？當然，宗教組織表示，他們早在很久以前就用超自然的創世神話回答了這些問題。那麼，你可能會問，接受這類神話故事的信徒還可以順利地進行科學研究嗎？當然可以，但他的世界觀將被迫分裂成兩塊——一個是世俗的，一個是超自然的，作研究時就待在世俗的領域中。無論如何，在科學研究中，要找到和神學沒有直接關係的題目，一點都不難。我這麼說，並不是心存嘲諷，也完全沒有暗示他們缺乏科學精神的意思。

要是真的找到證據，發現了任何一個宗教宣稱的超自然實體或力量確實影響現實世界的證明，一切將會被改變，科學本身並不否定這樣的可能性。事實上，如果可行的話，研究人員有充分的理由去探尋這問題。要是真的有科學家找到這樣的證據，勢必會和牛頓、達爾文與愛因斯坦齊名，開啟一個新時代。事實上，在科學史上已經出現無以計數的報告，聲稱找到超自然現象的證據。問題是，這一切都基於一個否定式命題。他們的邏輯通常是這樣的：「我們找不到任何原因來解釋這類現象，所以這一定是上帝所創造的。」目前仍在流傳的「現代化版本」則這麼說：「因為科學還是無法合理交代宇宙起源，以及物理常數之所以存在的原因，因此勢必有一個神聖的造物主。」我聽過的另一個論點是主張細胞內的分子結構和反應基礎太過複雜（至少對提出這些論點的作者來說是如此），不可能光是靠天擇就能夠組合起來，應當是由更高的智能所設計的。還有一個更離譜的說法：因為人的心智，特別是自由意志這個相當重要的成分，似乎超越物質世界的運作方式，所以一定是上帝植入的。

以負面假設來支持宗教信仰的科學，其實存在著很大的困難度，因為要是這個假設錯了，很容易就可以推翻掉。只要找到一個可檢驗的物理因素，便能否決掉超自然因素的論點。而這正是科學史中不斷上演的故事，經由一個接一個的現象，揭露這當中的謬誤。先是發現我們的世界其實是繞著太陽旋轉的，然後又發現太陽不過是一個具有兩億多顆恆星的星系中的其中一顆，宇宙中的星系可能超過億萬個。而人類呢？其實是非洲猿類的後代，由於基因的隨機突變與交換而逐漸演化出來，人類的心智運作也完全來自器官的物理過程。漸漸地，在所有的時空中，都找不到超自然力量出手干預的證據，取而代之的是以自然主義的角度去理解現實世界，能找到超自然證據的機會正迅速減少。

身為科學家，對任何可能而未知的現象都要抱持開放的態度，但是千萬別忘記，你的專業便是要是探索現實世界，不帶成見，無需偶像，唯一可接受的是經得起檢驗的真理。

第五信
創造的過程

懂得科學家如何產生「視覺心像」[13]，便能了解他們如何進行創意思考。在學習技術方法時，勤加練習這一招，就能直抵科學的核心。我先前說過，你一定能成功，但這是基於我假設你有能力編織美夢，而且作好了

13 視覺心像（visual imagery）和一般視覺歷程不同，並沒有牽涉到視網膜訊號的處理過程，是一個想像中的影像，視覺資訊來自於記憶，甚至會經過重新組合與再製，是相當高階的認知活動。

遭遇混亂和失敗的準備。初期的想法通常都不堪用，你可能會覺得很挫折，等到一個可行的想法浮現時，研究會逐漸走上軌道，思考起來較不費力，也易於向他人解釋，這一直都是我最享受的階段。

既然有許多好的科學研究，甚至是所有偉大的科學研究，都是來自於天馬行空的發想，我建議你現在也來試一下。想想十年、二十年甚至五十年後，你會在哪裡？最可能從事甚麼專業？接下來，想像年邁的你在回顧一生成就時，會覺得自己的哪個發現最值得回味？它是在哪個領域裡頭？

我建議你用最終目標來構思結尾的情境，然後才選擇你想要追求的目標。沒事就沉迷在你的科學大夢中，不要只是偶爾想想，不妨多作點白日夢，把默默地自言自語當作是消遣。學習必須掌握的重要課題，並且跟其他抱有類似想法的人多聊聊。認識一個人的夢想，就等於認識了那個人。

勇於發想

說起作夢，我曾和知名的科幻小說家麥克．克萊頓共進晚餐，聊起各自的工作。當時根據他的小說改編成的電影《旭日東昇》剛好上映，其中的政治意涵引起軒然大波——電影裡有段情節描寫一家日本高科技公司，暗地裡以間諜活動來擴大對美國工業的控制。那是一九九三年，剛好是日本經濟狂飆的時候，日本公司不斷收購美國的房地產，從紐約的洛克菲勒中心一路到夏威夷的別墅。這個敏感的主題，可能會被過度解讀：未能以軍事力量建立帝國的日本，現在正試圖以經濟優勢來實現計畫。

克萊頓知道我在十八年前曾經出版《社會生物學：新綜合理論》[14]，這本書當時引發了大規模的抗議，從社會科學家到激進的左翼作家都表示不滿。我在書中提出，既然人類具有本能，可見人性是來自遺傳，這論點

14 《社會生物學：新綜合理論》（*Sociobiology: The New Synthesis*, 1975）。

激怒了一大群人。抗議活動一度中斷我的授課和演講，他們聚在哈佛廣場上，要求我辭去教職。

克萊頓問我如何處理龐大的輿論壓力？我告訴他，那時我和家人的處境都很尷尬，但我們在理智上倒是不覺得有什麼困難。這顯然是一場科學對上意識型態的比賽，而歷史早已告訴我們，若研究是合理的，科學最終都會勝出。這次也是如此，和克萊頓共進晚餐閒談的時候，社會生物學早已成為一門頗具規模的學科。我認為關於電影《旭日東昇》的爭論並不是一件壞事，畢竟這只是虛構的作品，還有助於釐清可能帶出重要議題的不同觀點，任其自然爆發出來，總比坐視問題日趨嚴重來得好。

晚餐時，我趁機和克萊頓分享了一個自己的思考實驗，靈感便是來自於他的小說和《侏羅紀公園》那部電影。這部電影和《旭日東昇》同一年上映，在《侏羅紀公園》中，億萬富翁僱用了古生物學家和其他幾名專家，為他想要打造的公園創造恐龍。既然是科幻片，研究計畫一定會成功，不過電影中描述的手法確實十分高明，首先要找到由恐龍時代的樹脂形成的化石——琥珀，其中一些碎片含有保存完好的蚊子。這項工作基本上是曠日廢時，我自己就研究過數百個琥珀中的螞蟻化石，從白堊紀一直到恐龍時代結束。電影情節的下一步是找到體內還保留著恐龍靜脈血液的蚊子，從中萃取出恐龍的DNA，然後植入雞蛋裡孵育恐龍。這樣的科幻情節安排得十分巧妙，每一個步驟在現實上都徘徊在微乎其微的可能性邊緣，即使幾乎是完全不可能的。請注意，身為科學家，我用的是「幾乎」！

我曾想過一個類似的實驗，但比較實際，而且真的能夠付諸實行。在哈佛大學的收藏品中，有來自多明尼加共和國的琥珀，裡頭保存大量的螞蟻，估計約是二千五百萬年前的化石（比一億年前的恐龍要年輕許多，但也夠古老了），我曾逐一檢查過那批化石，並撰寫論文描述了若干新物種。其中數量最豐富的，是我命名的阿茲特克阿爾發蟻，牠們似乎是目前分布在中美洲的現生種阿茲特克米氏蟻在演化樹上的直系祖先，不然就是親緣關係十分密切。這種螞蟻會使用大量的費洛蒙，這是一種刺鼻的萜類化合物，當侵略者進入蟻巢時，就會釋放出來警告同伴。

我告訴克萊頓，也許可以從阿爾發蟻身上萃取出殘餘的費洛蒙，注射到米氏蟻的巢中，引發警報反應。換句話說，我可以跨越時空傳遞訊息，將兩千五百萬年前一個蟻巢的訊息傳送到今日的另一個蟻巢中。克萊頓感到十分有趣，他問我是否已經擬好實驗計畫了？我說還沒有。那時我沒有時間，現在還是沒有。更何況，在這個發想中，譁眾取寵的成分較多，真正涉及科學的部分很少，說得坦白一點，作這樣的實驗其實並不能得到多少真正的新知識。

去蕪存菁

在這封信的最後，我想以自己理解的科幻小說家和科學家的創作過程來作結尾，剛好這兩種身分我都具備。理想上，科學家就像詩人一樣思考，只是後來會像記帳員般地辛勤工作。請記住，在文學和科學中，創新者基本上都是夢想家和說書人。兩者在創作初期，腦海裡的一切都只是故事，有個想像的結局，通常也有個想像的開頭，創作者會在其間選擇適合的可能片段。在文學作品和科學研究中，任何部分都可以改變，與其他部分相互激盪，也可以刪除或增添，還會不斷搬動倖存的片段，以各種方式排列組合，直到故事成形。

無論是在文學還是科學創作中，想法都會一個接一個地出現，它們互相競爭，有時也會重複。透過字詞和文句（或是方程式和實驗），創作者試圖讓整個故事得以自圓其說。若是在初期，就為所有想像的情節找到一個精彩奇妙的結局（或科學突破），這會是最棒的作品嗎（就是真的科學新發現嗎）？創意思考的最終目標必須要付諸實現，不管那是什麼？位於何處？以何種方式呈現？一開始僅是個飄浮的魅影，然後輪廓逐漸清晰，最後一刻不是整個被抹滅，就是被強化，好比神話中的巨人安泰[15]，當他接觸大地時，會得到無比的力量。無法言說的想法在腦海中一個一個掠過，漸漸地確定出最好的片段，將它們安排在適當的位置，故事不斷發展下去，直到出現一個激動人心的結尾。

15 巨人安泰（νταῖος）是希臘神話中海神波賽頓（Ποσειδόν）與大地之母蓋亞（αία）的兒子。因為母親是大地之母，所以安泰只要接觸到土地，就能獲得源源不絕的力量。他常常向人挑戰摔角，而且戰無不勝，直到遇到大力士海力克斯。海力克斯發現了安泰力大無窮的祕密，於是在半空中絞殺他。

第六信
該做的事

如果你選擇以科學研究為業，特別是原創性研究，那麼對研究題材的熱情將會持續一輩子，不論是在你的工作中，還是生活裡。有太多的博士生在博士論文完成的前後，就喪失他們個人的創意。但我這封信是寫給想要一直保持創意的你，你將以畢生之力成為一個探險家（聽起來挺不錯的），你研究的每一個進展都會受到他人衡量，就跟其他科學家一樣，通常都是用下列這幾句：

「他（她）發現了……。」

「他（她）協助發展出一個成功的理論……。」

「他（她）首度結合好幾門學科完成一個綜合理論……。」

原創發現不是隨隨便便就能得到的，也不是由任何人在任何時間或任何地方都作得到的。科學知識的疆界，通常以前線（cutting edge）稱之，那是一處循著先鋒研究者繪製的地圖才到達得了的地方。正如法國科學家巴斯德在一八五四年所言：「機會僅眷顧準備好的人。」

從那時起，通往科學疆界的道路不斷往前延伸，有大量的科學家前行至此。不過，遠道而來的你會得到補償，現在這個疆界無比寬敞，還會不斷擴大。這裡仍然有很長一段路上人煙罕至，不論是哪個學門，從物理學到人類學都是如此，你應當可以在這一大片荒煙蔓草中找到尚未被開發的棲身之地。但是，你可能會想問，科學最前線不是只有天才才到得了嗎？所幸並非如此。事實上是反過來，是由每個人在科學前線的成就來決定誰才是天才，可不是到達那裡就算數。

用紀律保護你的熱情

不論是要前往科學前線，還是作出了不起的發現，這兩者主要都是靠著開創精神和辛勤工作，而不是天生的才智。在大多數領域中，極度聰明不見得是一項優勢。見過許多領域中傑出的研究人員後，我認為理想的科學家只要有中等程度的智商就夠了，聰明到知道可以作什麼研究，但不至於聰明到覺得作起來很無聊。就我所知，有兩位諾貝爾獎得主，其研究都是非常具有原創性和影響力的，一位是分子生物學家，另一位是理論物理學家，他們在開始從事科學研究時，智商約為一百二十左右。（我自己開始投入研究時，智商也才一百二十三而已，這嚇壞不少人）。據說達爾文的智商約在一百三十上下。

那麼，智商一百四十以上，甚至高達超過一百八十的所謂天才呢？難道不是靠著他們來產生突破性的新想法嗎？我知道有些天才在科學界表現得不錯，但我猜想多數高智商的人可能選擇加入門薩俱樂部這類組織，或是去當精算師和稅務顧問。為什麼科學研究者多半屬於中庸人才呢（我得承認這是我自己的臆測）？其中一個原因可能是，對高智商的人來說，在早期的訓練階段，凡事都太過容易，他們通常不費吹灰之力就完成大學部的科學課程，沒有辦法從繁瑣而重複的數據收集和分析工作中得到許多樂趣。他們不想辛辛苦苦地前往科學前線，但資質較為平庸的我們則甘於在這條路上前仆後繼。

想要在科學界闖出一片天地，光靠聰明才智是不夠的，高超的數學能力也不是保證。要能夠抵達科學前線，並且持續待在那裡開疆拓土，絕對需要遵循良好的工作紀律。你必須要具備一種特質，能夠享受長時間學習和研究的樂趣，即便有時候一切努力都付諸流水，這就是要躋身一流科學家行列的代價。

這些科學界的精英人士，就像昔日的尋寶者，闖入無人之境探尋。如果你想加入他們的行列，就要作好冒險犯難的準備，而科學新發現就是你找到的寶藏。只要這樣能讓你的內心感到滿足，就可以堅持下去。堅持一段時間之後，你將掌握世界一流的專業知識，肯定會有所斬獲，甚至可能是什麼了不起的大發現。如果你像我這樣（幾乎所有我認識的科學家都是如此），你會在同領域的愛好者和專家中間找到朋友。每天你都能夠樂在工作，這算是選擇這一行的獎勵，而且還會贏得你所景仰的人的尊重。更重要的是，你會體認到，你未來的發現會以獨特的方式造福人類，光是想到這一點就足以激發你的創意，不過還不足以維持下去。

保持創意有多難？我可以坦白告訴你，在哈佛，我指導過許多立志投入學術生涯的研究生，他們選擇一面作研究，一面在研究型大學或文科學院教書。要在這種研究兼教學的組合中取得成功，我建議採取下面的時間配置：一開始，每週投入四十小時處理教學和行政工作，十小時用來吸收專業知識及相關領域研究成果，然後至少再花十小時作自己的研究，這理應是與你的博士論文或博士後研究相同的領域，如此得以套用你在學生時代的經驗。

我知道每週工作六十小時很辛苦，所以，你要把握每一個例假日或出差的機會，將自己抽離全職的研究環境，舒展一下身心。在你的工作單位中，就算一切都是公平合理的，還是盡量避開系務行政工作（除了論文審查委員會主席之外），不管你採取什麼招數，藉故拖延、巧妙閃躲、滔滔雄辯還是用什麼其他方式交換。多花時間去關心有天賦並且對你的研究領域感興趣的學生，聘用他們當助理，這樣對彼此都有所助益。週末時多休息，轉換一下心情，但別想要度長假。真正的科學家是不度長假的，他們只會出訪考察，或申請短期研究經費到其他機構學東西。如果有其他大學或研究機構提供工作機會時，要是新工作能夠讓你有更多時間作研究，而且對方要求的教學時數和行政事務較少，那就認真考慮一下吧！

不要為此感到內疚，每一個大學系所都有所謂的「內部教授」和「外部教授」，內部教授喜歡與系所內的所有同事一起工作，對系所事務熱心公益，並且深以為傲；而外部教授以另一種方式來貢獻系所，他們的社交圈僅限於研究相關人員，在學術委員會上提出發展建言，從外頭引進一連串的新想法和人才，他們的聲譽和收入取決於研究成果的數量和品質。

不論你的研究生涯將你帶往何處，不論是在學術界，還是在其他地方，都要保持活力。若是你任職的單位鼓勵原創性研究，並且給予獎勵，那就繼續待在那裡，但還是要探尋新的研究題目和新的機會。幸福會降臨在那些找到一個可以終其一生樂此不疲地探究的主題的人身上，而且可以肯定的是，他們通常都會有突破性的進展。從高分子化學、撰寫生物歷程模擬程式、探究亞馬遜蝴蝶、繪製銀河系地圖乃至於調查土耳其新石器時代遺址，這些主題都值得投入一生。

一旦你全心投入，保證各種小發現源源不絕而來。但別忘了，要保持警覺，隨時注意潛在的大機會。獲得重大突破的機會總是存在，但可能是在一些完全意想不到的發現裡，或是偶然瞥見的小細節中，繼續深究下去，可能會擴大甚至改變原先選擇的主題。如果你感覺到這樣的可能性，那就放手一搏吧！在科學研究裡，染上淘金熱可是好事一樁。

開創性精神

要提昇成功的機會，還需要另一種特質，你可能與生俱來，或天生就不是如此，若你屬於後者，那就該試著努力培養它。這特質就是開創精神，勇於嘗試讓人望之卻步的挑戰，那些你知道沒有人想到過，或是沒人敢作的事。比方說，在你和你的同事從未去過的地方展開研究計畫，或是嘗試引進原本用在其他領域的儀器或技術，若你膽量夠大的話，也可以試著將你的知識運用到其他學科。

隨意作許多快速且容易操作的實驗，有助於培養開創精神。沒錯，我就是說快速且容易操作的實驗。我知道在一般人心目中的科學研究一定要鉅細靡遺、毫不妥協，每一步驟都仔細地記錄在實驗記錄簿中，還要定期統計檢驗每段時間收集的數據。若實驗經費高昂或非常耗時，確實是有必要這樣作；或是要確定研究結論時，也要作到這一點，才能讓你或是其他研究者複製實驗，驗證結果。但是，除此之外，亂七八糟並沒有什麼不好，甚至很有可能會帶來意想不到的結果。

快速而且沒有設計控制組的實驗經常會產生很多成果，這麼作有時純粹只是為了看看是否會出現一些有趣的事情。擾亂大自然一下，看看她是否會洩露出什麼祕密。現在讓我用幾個自己隨意胡搞的親身經驗為例，告訴你馬馬虎虎地作實驗也是有好處的。它們僅存留在我的記憶中，並沒有小心地作成筆記，或以其他方式記錄下來。

・我把強力磁鐵放在一排螞蟻前面，看看這樣是否可以改變牠們的行進方向，或至少破壞牠們的隊伍，以此判斷螞蟻是否能感應到磁場。

花費時間：兩小時。

結果：失敗。螞蟻一點反應也沒有。

・在實驗室，我封住了人工蟻巢中所養的螞蟻的後胸側板腺，這些微小的器官是一群細胞，位於身體中節的兩側。然後，我讓這批螞蟻爬過裝有土壤細菌的培養皿上方。然後在另一套成分相同的培養皿上放了一批沒有封住的螞蟻，看看牠們的後胸側板腺是否會在空氣中釋放出抗菌物質。

花費時間：兩週。

結果：失敗。（要是我堅持下去，改用不同的方法多試幾遍就好了，後來有其他研究者發現真有這樣的物質）。

・我嘗試打造一個混合兩種火蟻的蟻巢，首先將牠們冷凍起來，然後交換兩個蟻巢的蟻后。

花費時間：兩小時。

結果：成功！後來我用這個方法來證明區分這兩個物種的特徵是由於不同的基因（當然這次是小心謹慎地作實驗，還加上完整的實驗記錄）。現在冷凍和混合這兩個步驟成了好幾種研究方法的標準程序。

在一九五〇年代，昆蟲學家普遍推測螞蟻可能是透過化學訊號（後來稱之為費洛蒙）來溝通，那時還不能完全排除另一個可能性，就是使用觸角來碰觸和敲擊，傳達出某種編碼的訊號，比方說用觸角像打鼓一般敲打同伴的身體，可能是一種警報。那時候我決定要找找看釋放氣味的腺體，若是找到了，這可能就是解開螞蟻費洛蒙密碼的第一步。

．我解剖了火蟻工蟻的腹部，耐心地切片，在顯微鏡下用最高級的手術鉗摘除所有的主要器官，分別用它們製造出一條條的人工氣味小徑。

花費時間：一週。

結果：我第一批嘗試的器官都沒有引發任何反應，但出乎我意料的是，以針刺基部的杜福爾氏腺測試時，竟然得到了強烈反應！這個腺體呈手指狀，肉眼幾乎看不見。這個實驗大獲成功！不僅外面的火蟻會沿著這條小徑前進，連那些還在巢裡的也會急忙趕上，沿著小徑排排走。杜福爾腺的分泌物似乎同時具有指引和刺激的作用，這在費洛蒙研究中是一個新的概念。在接下來的幾年，其他科學家和我又找到十幾種費洛蒙，這些物質就是螞蟻的主要溝通語言。

隨意動手作些非正式的小實驗其實非常有趣，而且不會浪費太多時間。但要是初步研究需要投入大量的時間或經費，甚或兩者都需要，那麼時間和金錢成本可能很快就讓人望而卻步。若遭遇失敗，必須有勇氣和方法重新再來開創新局，這跟在商業界和其他職場沒什麼兩樣。

別沉溺於技術

在這封信的結尾，我想給目前是研究生或剛畢業的年輕學者另一個較為務實的建議。誠心地奉勸你們，除非你的訓練和研究計畫的研究設施很獨特，好比說超級對撞機、太空望遠鏡或幹細胞實驗室，不然的話，最好不要執著在任何一種技術或儀器上。

在科學最前線出現一種新儀器或新技術時，或許會迅速開拓新的研究領域，但通常一開始都造價高昂，難以操作。正因為如此，在年輕科學家眼中，這項新技術顯得十分誘人，會冒出以操作此儀器為業的念頭，而不是以它來進行原創研究。

以生物化學和細胞生物學為例，在早期研究中，非常倚靠離心機這類儀器，藉由它才有辦法分開不同種類的分子，進行後續的物理和化學分析，可以說這是第一次能夠將樹木從森林中逐一搬出來，也因此能夠對整片森林有更進一步的認識。離心機剛推出時，需要一間專門的離心機室，還要有訓練過的技術人員來管理。然而，隨著科技進步，離心機的設計不斷改進，研究人員只要依循幾個步驟，就能獨自操作這臺機器。後來，離心機越來越精巧，價格也日益便宜，不再需要獨立的空間。今天，生物學各領域的研究生都當它是實驗桌上的基本配備，是再平常不過的日常操作流程。類似的變化也出現在掃描式電子顯微鏡、電泳、電腦、DNA定序與統計軟體的演進過程中，這些技術都從原本自成一門專業的地位轉變成基本工具，只要是配備完善的實驗室都可見到。

從這段歷史，我歸納出「**六號原則**」：

> 學會使用，但不要沉溺於技術。若真的需要用到特定的技術，偏偏在操作上有極大的難度，不如尋找一位經驗豐富的合作者。永遠把計畫放在第一優先，竭盡一切正當的方式來完成，並且發表出來。

第七信　成功之路

有什麼方法最適合用來尋找具有科學家天分的人？目前在中級學校有越來越多的方案，針對有潛力的學生，提供特殊課程來激發他們的才能。就我所知，在我家鄉的莫比爾鎮有間阿拉巴馬數理學院，他們會甄選來自全州的高中生，提供一筆獎學金，並安排這些學生居住在類似大學校園的宿舍裡。他們讓學生沉浸在實驗室研究的氣氛中，接受經驗豐富的科學家指導，在以科技為主的環境中學習。到目前為止，每一屆畢業生幾乎都直接去讀大學。

科學家很少會寫回憶錄，那些真的動筆寫作的人也很少透露他們之所以進入科學界的緣由，不會談起當初抱著怎樣的情懷和衝動投入這一行，也鮮少提及受到哪些偶像和老師的鼓舞與激勵。這也無所謂，反正，我根本不相信大多數科學家傳記的內容，這不是因為我覺得作者在欺瞞什麼，而是因為科學界的文化並不鼓勵科學家透露這類事情。科學研究人員之間交流時，對於任何聽起來幼稚的話語，或者詩意的情懷，都避之唯恐不及，絕不會拉拉雜雜說些言不及義的話，在描述科學發現時，也都是平鋪直敘，維持一貫實事求是的風格，把原本精彩曲折的故事搞得平淡無趣。寫成傳記時，也難免都一本正經，並不符合真實狀況。

下面便是一個我虛構的例子：「在懷海德研究所的X射線晶體學實驗室研究禽流感肌蛋白時，我迷上了『自行折疊』這個經典問題。首先我想到……。」

我敢肯定這些作者在現實生活中的確著迷於自己的研究題材，甚至會不由自主地全心專注於特定問題。但身為讀者的我，卻對這些直白描述與致缺缺，我認為讀者其實想知道的是，為什麼這些科學家要辛辛苦苦地追尋這些目標，他們的冒險過程以及他們的夢想。

看完這些傳記，我們還是不大清楚從普通人轉變成科學家的過程，也不知道他們對工作的真實感受。要是沒有阿拉巴馬數理學院，那些優秀的學生還是都會上大學，從事科學相關的工作嗎？

一定要團隊合作嗎

還有一個問題，在培養這類學生時，要如何激發和鼓勵他們？是以小團隊的方式進行？還是讓他們個別選擇自己的研究計畫，不論題目有多奇怪？目前我們對這些問題都沒有確切的答案，但我毫不懷疑，及早鼓勵有志進入科學界的青少年，對他們日後的生涯一定會有幫助。

在鼓勵科學家創新時，基本上也出現同樣的問題。傳統的觀點認為，未來的科學會日漸趨向「團隊思考」，集結多個頭腦一同工作。確實有這樣的情況出現，目前在《自然》和《科學》這類頂尖期刊上，由單一作者發表的論文越來越少，共同作者通常都在三個以上。在少數幾個學科中，如實驗物理學和基因組分析這類必須動員整座機構的研究規模，作者群甚至超過百人。

此外，還有陣容堅強的科技智囊團，網羅各地菁英，共同開創新的理念和產品。我參觀過新墨西哥州的聖達菲研究所，和蘋果、谷歌這兩大美國企業龍頭的研發部門，我得承認，他們營造出的未來感確實讓人留下非常深刻的印象。在谷歌時，我甚至讚揚道：「這就是未來的大學！」

設置這樣的部門或機構，是為了要給絕頂聰明的人一個自由發想的地方，讓他們在喝咖啡、吃可頌時見面交流，一小群人相互激發想法。然後，也許在精心修剪的草坪漫步，或是在前往享用美味午餐的路上，他們會靈光乍現，作出重大突破。這肯定行得通，尤其是在思考理論科學這種有明確定義的問題，或是設計生活必需品時。但是，團體思考真的是開創新科學最好的方式嗎？這似乎太過偏激，對此，我持保留的態度。我相信創意可以用非常不同的方式展開，只要在某個人的腦海中出現，醞釀一段時間後就會發芽。一開始這只是個想法，與此同樣重要的是，這個人抱持著在科學界或其他領域中一展長才的雄心壯志。

開創者的特質

受到命運青睞的開創者其實具備幾個條件，除了才能與環境，還要有家人、朋友的支持，並受到老師和導師的影響，還會從偉大科學家的傳奇故事中得到鼓舞。我敢說，驅動他們的力量，有時來自於消極反抗型人格[16]，甚至是對世界或社會問題的憤怒。創新者通常還具有內向人格，不愛參加團隊運動和社交活動，他們厭惡權威，大多不喜歡聽命行事。在

16 消極反抗型人格（passive-aggressive）在人際溝通反應中通常無法直接表達不滿，而是採取不合作或是陽奉陰違的方式，消極地宣洩不滿。

高中或大學時代，不會擔任領導者的角色，也不大可能受到社交社團的歡迎。從很小的時候開始，他們就愛作夢，而沒那麼愛行動。他們的心思飄浮不定，比較喜歡探索、收集以及修修補補，通常有著天馬行空的幻想，難以專注。在同學眼中，他們不像是將來最有可能出人頭地的人。

根據我的經驗，最具創意的科學家一旦學會如何進行調查研究，往往就一馬當先地大展身手，用不著任何提示。起初，他們喜歡單打獨鬥，找一個待解的問題，或是以前被忽視的重要現象，甚至是過去從來沒有想到的因果關係。他們不會放過任何成為第一個發現者的機會。

然而，在現代科學的前線，幾乎總是需要結合多種技術才能讓新想法開花結果。若是想讓計畫成功，創新者可能需要與他人合作，可能是數學家、統計學家、電腦專家、熟知某種天然物的化學家、幾名實驗室或田野助理，甚至是同領域的一兩位同事。這些合作對象本身往往也極富創意，已經琢磨同樣的想法一陣子，想要作些修改或添加。聚集足夠的人馬後（也許是和分散在世界各地的科學家，也許就是同一間實驗室的人），彼此間的討論就會變得頻繁、密切，研究計畫不斷向前進展，直到出現原創性成果，這計畫便真的透過團體思考完成了。

在成功的研究生涯中，你可能會同時或輪流扮演創新者、創意合作者或計畫主持人的角色。

第八信
我從來沒有改變過

我的科學生涯即將超過六十年，這麼多年來，我很幸運地能夠自由選擇有興趣的研究主題，如今我不再像以往那樣期待未來，企圖心也隨之消散。我可以毫不掩飾地告訴你，我獲得重大科學發現的方式和原因，希望你看待我的方式，就像我當年看待老一輩科學家一樣：如果他都能作得到，那我也行，說不定還可以作得更好。

我的科學生涯很早就開始了，甚至早於我在普什馬塔哈夏令營成功耍蛇之前。也許你也和我一樣早慧，或是才剛剛開始。一九三八年，我九歲的時候，因為父親調職的緣故，我們舉家從南方搬到華盛頓特區，他在那裡擔任農村電氣化管理局的稽核師，前後為期兩年，那是大蕭條時期負責供應電力給南方農村的聯邦機構。我是家裡的獨子，但不覺得特別孤單。那個年齡的孩子，總是可以在附近找到朋友或融入一些小團體，但也許要跟帶頭的男孩先打上一架（經過這麼多年，我的上嘴唇和左眉骨上還留著當時的疤痕）。

昆蟲少年

搬去那裡的第一個夏天，我還是獨自一人，時間完全是自己的。沒有沉悶的鋼琴課，不用探訪枯燥乏味的親友，沒有參加暑期學校與旅行團，也沒有電視和童軍團，什麼都沒有，這真的是太棒了！我那時很迷法蘭克·巴克的影片[17]，喜歡看他到遙遠的叢林裡探險，捕捉野生動物。我也讀《國家地理雜誌》，特別是關於全球各地昆蟲的文章，通常寫的都是熱帶地區帶有金屬光澤的大型甲蟲，以及色彩斑斕的蝴蝶。讀到一九三四年發行的某一期雜誌時，我深受其中一篇文章吸引，標題為〈螞蟻的野性與文明〉，隨即開始捉起昆蟲。成績還相當不錯，因為昆蟲是世界上數量甚多的生物，凡是我搜尋的地方，都有牠們的身影。

當然，我的收藏品還是以郵票和漫畫書為主，只是多了蝴蝶和螞蟻。收集和研究昆蟲一點都不複雜，有好一段時間，牠們就是我想像中要獵捕的猛獸，當然這不需動用到上百名原住民來協助圍捕，但我仍煞有介事地準備一番。就這樣，我的搜尋範圍越來越大，有一天我在書包裡放了幾個瓶子，踏上了生平第一次遠征，一路走到附近岩溪公園的樹林，進入那裡布滿小徑的次生落葉林。至今我都還記得很清楚當天帶回家的獵物，我捉到了一隻狼蛛，還有一隻紅綠相間的長角蚱蜢的若蟲[18]。

17 法蘭克·巴克（Frank Buck, 1884-1950）著名的獵人、動物標本收集者、演員、導演、製作人及作家。

18 昆蟲的成長方式分為「完全變態」與「不完全變態」兩種。完全變態的昆蟲，其幼蟲與成蟲的模樣有明顯的差異。不完全變態的昆蟲，其幼蟲與成蟲的模樣比較相似，因此特別將這些幼蟲稱為「若蟲」。

稍後我把蝴蝶也納入獵捕名單，我的繼母幫忙作了一具捕蝶網。在接下來的幾年，我自己作了許多這樣的網子。方法很簡單，若是你也想要如法炮製，只要將衣架彎成圓環，拉直吊鉤的部分，並在火上加熱，直到熱度可以點燃木材，然後插進一根掃帚柄裡，最後在圓環處包上紗布或蚊帳就好了。

多了這項配備，我的蝴蝶標本頓時激增。我和伊利諾伊大學昆蟲系的教授埃利斯·麥克勞德[19]自小就認識了，他是我最好的朋友，在我投入獵蟲生涯早期，他曾告訴我，他在他家前面的草叢裡看到一隻中等大小的蝴蝶，翅膀上長有黑紅相間的閃亮條紋。我們找來一本蝴蝶圖鑑，鑑定出那隻蝴蝶的物種，牠是大紅蛺蝶。這本書成了我第一本昆蟲參考書。那時，我母親與第二任丈夫住在肯塔基州的路易斯維爾，她寄給我一大本附有美麗插圖的蝴蝶圖鑑。這本書弄得我一頭霧水，因為當中我唯一認得的只有紋白蝶，這種蝴蝶是多年前意外從歐洲引進的。多年後我才知道這本書是在介紹英國蝴蝶，難怪幾乎都認不出來。

我的未來就是在這個時候定下來的，埃利斯和我有志一同地決定長大後要當昆蟲學家。我們一頭栽進大學用的教科書，雖然很努力地讀，但其實都看不太懂。其中一本從公共圖書館借出來逐頁研讀的書，是羅伯特．斯諾德格拉斯[20]那本一九三五年出版的巨著《昆蟲形態學原理》——後來我才知道，這是生物學家鑑定物種用的參考書。我們去參觀了國家自然史博物館的昆蟲收藏展，策展人當中就有專業的昆蟲學家，我沒有見到這些堪稱神人的專家（其中一個便是斯諾德格拉斯本人），但光是知道他們是美國政府聘用的學者，就讓我感到希望無限，相信有一天我也可能達到這樣高的境界。

一九四〇年我們舉家返回阿拉巴馬州的莫比爾，我旋即一頭栽進嶄新的蝴蝶國度，亞熱帶氣候和附近的沼澤無疑是我從前夢裡的實境。除了在

19　埃利斯．麥克勞德（Ellis G. MacLeod, 1928-1997）。
20　羅伯特．斯諾德格拉斯（Robert E. Snodgrass, 1875-1962）。

陰鬱北方氣候區出沒的大紅蛺蝶、小紅蛺蝶、豹斑蛺蝶之外，我又多了喙蝶、海灣豹紋蝶、巴西白斑弄蝶和細尾青小灰蝶，還有幾隻華麗的長翅鳳蝶、斑馬鳳蝶和烏樟鳳蝶。

後來，我的興趣轉向螞蟻，一心一意地要找遍我家旁邊，查爾斯頓街上那片雜草叢生空地中所有種類的螞蟻。我當時並不知道牠們的學名，但現在我知道了，而且至今我還清楚記得，在那片不到十米見方的土地中每個蟻巢的位置。阿根廷蟻整個冬季都窩在空地邊緣籬笆中的一根爛木頭裡，等天氣溫暖起來，就蔓延整片草叢。大黑蟻則棲息在空地遠端無花果樹底下的屋瓦堆中，牠們長著駭人的大顎和刺螯。我還在空地臨街的邊緣發現一個巨大的紅火蟻蟻巢，以及在老舊威士忌酒瓶下築巢的小黃蟻。

三年後，前往普什馬塔哈擔任童子軍自然輔導員時，我進入獵蛇階段，開始尋找和捕捉我在阿拉巴馬州西南部所能找到的幾十種蛇。

我之所以要講自己少年時代的故事，只是想要凸顯一點：我從來沒有改變過，這或許有助於你思考自己的生涯規劃。

第九信
科學思維的原型

長大成人後，我們比較能夠深刻體會、覺察乃至於理解自己本性中的好惡，但這些都是在童年和青少年時期誕生、發展出來的，然後延續一生，成為創意的源泉。

我在前幾封信中曾提到，在科學發現的最初期，理想的科學家會像詩人一樣發想，後來才會進入專業所需的各種嚴謹程序。我談到熱情和立意良好的企圖，那是激發我們創意的力量。這裡我再強調一遍，熱愛某個主題，本身就是一件好事。科學家的樂趣來自於發現新的真理，在這點上與詩人非常接近，而詩人的樂趣來自於找到新體裁來表達古老的真理，這部分跟科學家一樣。就這點來說，科學和藝術創作在基礎上都是一樣的。

珍貴的青少年時期

我可以再多跟你講一些科學殿堂的奧妙，告訴你裡面無限的廳堂和廊道，甚至多透露一點技巧，教你如何找到屬於你自己的一片天地，但這一切，隨著你的進步，都將自行學會。所以，現在我寧可與你探討一些關於創新的心理學。我建議你廣泛地檢視一番自己內心的想法，找出科學生涯可能會帶給你的滿足。這樣的自我剖析也同樣適用於其他的工作領域，不論是專業研究、教學、商業、政府和媒體。

心理學家定出了五種人格取向[21]，其中有一部分是來自於基因差異，這構成人類內在的基礎。我自己的印象是，從事研究的科學家通常比較內向，而不是外向；在對立性／親和性這一項，則沒有明顯差異（兩種情況都有）；另外則是比較嚴謹，並具有開放性。生活中促使他們從事創意工作的情況大不相同，激發他們對特定研究感興趣的火花也不一樣。

不過，我還是相信早期經歷的影響，特別是童年到青春期結束後幾年，約莫在九歲到二十歲出頭之間，你可能會因為這段時期所接觸到的人事物而感動莫名，更想要投入科技研究。這些讓你轉型的事物大致可分成幾類，會在你的人生中產生極大的長期效應。我稱它們為「原型」，相信它們的影響力足以媲美「銘印作用」。正如學者所注意到的，原型通常表現在神話故事和藝術創作中，但也會在科技產業中大放異彩。若是你受到一個甚至好幾個原型的感動，這將會對你的創意生活產生重大影響。

21 五因素模型的人格取向是以連續向度來描述人格特質，亦可作為人格疾患的診斷標準，分別為：神經質（neuroticism）、外向性／內向性（extraversion/introversion）、開放性（openness to experience）、親和性／對立性（agreeableness/antagonism）、謹慎性（conscientiousness）。

蠻荒探險的原型

探險的形式很多，比方說尋找一座無人島、攀爬遠方的高山、在深山野嶺裡頭探索、沿著原始河流溯溪而上、聯繫傳說中的神祕部落、發現失去的世界、尋找香格里拉、登上另一顆星球、或是在遙遠的國家定居，開始新生活。

在科學研究領域或是科技界，這種探險原型則轉變成不同形式的研發探究，可能是在未知的生態系裡尋找新種、界定細胞的微觀結構、找出在器官和組織間傳遞訊息的費洛蒙和荷爾蒙、一窺地球最深處的海床、穿梭在板塊和峽谷間繪製地形圖、穿越地球內部深入核心、探尋宇宙邊緣、發現外星生命跡象、解讀SETI天文望遠鏡接收到的外星訊息、尋找化石中最初始的遠古生物、探究人類祖先的遺骸以及尋找人類從何而來，與何謂人類的解答。

尋找聖杯的原型

每個人的心目中都有自己想要追尋的聖杯，可以是失傳、祕傳的強效配方或靈符、金羊毛、祕密社團符號、試金石、通往地心的途徑、召喚邪靈的咒語、啟迪人心與超越靈魂的配方、寶藏、唯一能夠開啟通道的鑰匙、青春之泉、長生不老的魔術或藥水。

在現實世界的科學研究中，也有類似聖杯的目標，能夠激發出大家的尋寶精神。在這裡有很多種聖杯，諸如發現功能強大的新酵素或荷爾蒙、破解遺傳密碼、找到生命起源的奧祕、演化出第一個生命體的證據、在實驗室創造出簡單的生物體、打造不壞肉身、研發核聚變發電、解開宇宙暗物質之謎、偵測中微子和希格斯玻色子，乃至於建構出蟲洞和多元宇宙的理論模型。

對抗邪惡的原型

歷史上多數神話故事中的壯烈情操都和抵禦外來侵略者的戰爭有關，這種故事情節總能激發出強烈的驅動力，比方說我方人馬征服新土地（當然所謂的我們是指文明、良善而虔誠的選民，起身對抗反對我們的野蠻人）、上帝與撒旦之戰、推翻邪惡的暴君、克服一切困難的革命、英雄、勇士、最後獲得平反的烈士、內心的天人交戰、魔法師、天使、魔力、逮捕與懲罰罪犯、保護揭發罪惡的人。

在現實的科學世界中，驅策我們研究的動機，則是對抗癌症或其他致命疾病、解決饑荒、開發可以拯救世界的新能源、對抗全球暖化、鑑定DNA樣本以捕捉罪犯。

上述這幾種原型會引發根植於人性深處的共鳴，它們十分具有吸引力，而且容易理解，在創世神話中傳達意義和力量，並且在史詩故事裡反覆傳誦，成為經典戲劇和小說的主題。

第十信 宛若太空探險家

紐約的探險家俱樂部成立於一九〇四年，是為了慶祝世界地理探勘和（日後的）太空探險。多年來，會員冠蓋雲集，包括羅伯・佩里、羅南・阿蒙森、西奧多・羅斯福、歐內斯特・沙克爾頓、理查・伯德、查爾斯・林伯格、艾德蒙・希拉里、約翰・格倫、巴茲・奧爾德林和其他二十世紀知名的冒險家。探險家俱樂部的總會在紐約的東七十街，那裡收藏了大量全球傑出探險家的檔案和紀念品，還有許多幾十年來會員帶往遠方窮山惡水之處的探險隊旗。當探險家歸來，隊旗以及冒險故事也跟著一起回來。

俱樂部每年都會在華爾道夫飯店舉行晚宴，這棟宏偉建築本身就會讓人想起輝煌時代的榮景。會員都穿著正式服裝，並且應俱樂部要求，配戴上獲頒的探險獎章。這是我在北美洲唯一見識到繁文縟節的場合，等到用餐時，身上這些多餘的飾品則成了談笑的話題。多年來，年會的重頭戲都是一樣的，隨機抽出賓客嚐試怪異食物——在補給品用罄後，探險家被迫就地取材所吃的玩意兒：糖漬蜘蛛、炸螞蟻、酥脆蝎子、烤蚱蜢、火烤麵包蟲、沒見過的魚類……能抓到什麼就吃什麼。一直到有會員在晚餐後生了重病才取消這活動。

我在二〇〇四年獲選為榮譽會員，這項殊榮每年僅頒給男女會員各一名，到了二〇〇九年，我又獲頒探險家俱樂部勳章。頒給我這樣的獎乍看之下似乎沒什麼道理，也許真是如此，畢竟我不曾受困在冰天雪地的極圈裡，從未攀上任何一座無人到達的南極山脈，也沒有和任何未知的亞馬遜部落接觸過。我獲獎的原因是科學。

科學就是探險

探險家俱樂部的委員會決定要擴大探索地球的概念。在泰迪・羅斯福沿著一條不知名的亞馬遜河順流而下，羅伯・佩里和馬休・漢森征服北極之後，傳統的世界地圖幾乎都填滿了，在往後的數十年，地球表面幾乎沒有一處不曾出現人的足跡，不然至少有直昇機觀察過，剩下的則可用衛星來查看，甚至可以每天監視，連最後一平方公里都不會漏掉。除了探查深海地形，在我們的星球上，還剩下什麼值得探索的？

答案是人們所知甚少的生物多樣性——各類動植物和微生物為地球組成的薄薄一層生物圈。雖然我們已發現絕大多數的開花植物、鳥類和哺乳動物，並賦予描述和學名，但是對於其他類別的生物群體仍然很陌生。那些決心要找尋新種，繪製生態地圖的生物學家和博物學家，不論是專業的還是業餘的，仍然可說是貨真價實的探險家。

在二〇〇九年的晚宴上，生物多樣性正式列入俱樂部的名單，成為值得探索的未知世界的一部分。那晚演講時我感到十分特別，還有許多令人難忘的時刻，但現在回想起來，在我腦海中第一個浮現的記憶，是與丹增．諾爾蓋的兒子的談話，他父親在一九五一年和埃德蒙．希拉里一同成為攀上珠穆朗瑪峰（即聖母峰）的第一人。我跟他談到，當他父親下山返國後，有位記者問道：「當偉人的感覺如何？」諾爾蓋回答：「是聖母峰成就一個偉人的。」在此，容我稍微借題發揮一下，我想告訴生物學家，特別是夢想要結合科學與探險的年輕人，請不要忘了，是生物圈提供你史詩般的探險機會。

探險家俱樂部在二〇〇六年七月三日（星期一）那天，第一次加入探索生物多樣性的「遠征」。他們和美國自然史博物館與其他幾個重視自然環境的民間團體合作，在紐約的中央公園舉辦「生物多樣性閃電普查」。生物多樣性閃電普查是指在固定時間內，通常設定為二十四小時，集結從細菌到鳥類等各物種的專家，盡力找出一塊區域內的物種，並予以鑑定。那天舉辦這項活動的目的，是要向公眾傳達概念：即便是在人來人往的都會區，還是充滿著多樣的生物。

活動結束時，當天報名的三百五十位志願者一共找出了八百三十六個物種，包括三百九十三種植物和一百零一種動物，動物中有七十八種蛾類、九種蜻蜓、七種哺乳動物、三種烏龜、兩種青蛙和兩種神祕而且少有人研究的水熊蟲，要知道這可是在人煙鼎沸的紐約市。這是第一次在中央公園發現水熊蟲，後來還發現當天找到的一種青蛙其實是新物種，只出沒在紐約市周圍。

在這次調查的前幾年，二〇〇三年七月八日（星期二）舉辦的那次中央公園生物多樣性閃電調查，第一次採集了土壤和水的樣本，以便日後進行細菌和其他微生物分析，這兩類生物是地球上最豐富也最多樣的生命形式。那天的活動說起來確實涉及了某種程度的探險，席爾維亞・厄爾答應要探索中央公園貝塞斯達噴泉旁邊那個黏搭搭的陰暗小湖，好讓我們的物種名單上增添一些水生生物。厄爾是海洋生物學家，以在世界各處海洋潛水聞名，她打趣地說：「在海洋中潛水時，我完全沒擔心過鯊魚、虎鯨或其他生物，但在中央公園的綠色池塘中，裡面的微生物確實讓我感到害怕。」結果，她和一些勇敢的同伴一同潛下去，為我們帶上來一份可觀的物種清單，當中還有個不知打哪兒來的物種。厄爾說：「我發現了一隻蝸牛從旁漂過，但我不確定這是湖裡長的，還是附近餐廳的料理食材。」

道在草木之間

地球上幾乎沒有一個地方沒有動植物或微生物。目前看來，不論探究的意圖和目的為何，幾乎難以窮盡這顆星球的生物多樣性，而且每發現一個新的現生物種，便為科學家提供了數不盡的原創研究機會。

就拿森林中一截正在腐爛的樹樁來說吧！在步道上經過時，我們不過就是匆匆一瞥罷了，但若是放慢腳步，像科學家一樣仔細觀察它的周圍，那麼你會發現，在眼前展開的，就是一個迷你的新世界。至於你能夠從這塊爛木頭上學到什麼，端視你的背景訓練和你所選的科學專業。挑一個主題，不論是物理、化學或生物，然後發揮一下想像力，你就會找到以這根爛木頭為材料的原創研究計畫。

讓我們一起多想想這個題目。就研究專業來看，我是生態學和生物多樣性的學生。現在，就和我一起想想，在這個多種科學領域交互重疊的世界，可以找到什麼值得探究的問題，比方說，在這根木頭的迷你世界中，存在有怎樣的生命？

讓我們從動物開始。在樹幹的一側或是樹根底部或下方，可能會有樹洞或坑洞，足以容納老鼠大小的哺乳動物，再不然肯定會有青蛙、蠑螈、蛇或蜥蜴。接下來讓我們將焦點轉移到昆蟲和其他無脊椎動物，它們的體長大約一毫米到三十毫米左右。我們可以用肉眼看到絕大多數的這些小生物，經過數百萬年來的演化，牠們各自適應了不同的生態區位，其中絕大多數是昆蟲。

專精分類的昆蟲學家（需要鑑別物種的其他科學家也應是如此）會一一指出住在這裡的各類甲蟲：步行蟲科（俗稱地面甲蟲）、金龜子科（聖甲蟲）、擬步行蟲科（黑暗甲蟲）、象鼻蟲科（象鼻蟲）、蘚苔蟲科（像螞蟻的石甲蟲），和其他幾種。目前已知的甲蟲物種比世界上任何其他種類的生物都還多，不過，雖然牠們的物種數目最多，個體數量卻不是最高的。

若樹幹正在腐敗分解，勢必會在裡面看到蟻群，或是在樹皮下，或是在樹根間的蟲糞裡，而木心處可能有白蟻出沒。另外在縫隙與樹皮表面，則可能發現齧蟲、跳蟲、原尾蟲、蠅與蛾的幼蟲、蠼螋、鋏尾蟲與多足蟲。在這些昆蟲周圍，還有許多其他以腐爛枯木為生的無脊椎動物，如甲殼類的球潮蟲、微小的環節動物蠕蟲、大大小小形狀各異的蜈蚣、蚰蜒、蝸牛、少足類以及一大群蟎蟲，當中最多的一群是行動敏捷的捕植蟎。樹根處則有多種蜘蛛正在結網或捕獵。

樹幹表面長著一片片的苔蘚和地衣，這又是自成一格的小小世界，先前提過的水熊蟲[22]可能就漫步在其中，這種動物也被稱為迷你熊，因為牠們的身體形狀又像毛毛蟲又像小熊。在這些動物中，數量最多的是線蟲，也稱為圓蟲或蛔蟲，肉眼勉強可見。全球的線蟲數量非常多，約占了整個動物界的五分之四。

若這長串的物種名單把你搞得一頭霧水，像是在翻一頁一頁的古早電話簿，那你大可放心，多數生物學家也和你的感受一樣，不過這只是開頭而已，這根樹幹上的物種名單還長得很。

蕈類會穿透整塊腐敗的木頭，樹皮剝落處掛有菌絲，只要有水分的地方就會有微小的真菌，纖毛蟲和其他原生動物則在水滴或水膜中游泳。

但若和細菌比起來，「樹樁生態系」上所有的生命，不論是種類還是數量，僅是九牛一毛而已。隨便一處樹皮或樹根下的一丁點土壤碎屑，裡

22 水熊蟲是一種超級昆蟲，屬於緩步動物門，它可以在極端的環境中生存，從八千公尺高的喜馬拉雅山到四千公尺深的海底，甚至南極洲都有它的蹤跡，在極度乾燥、低溫、缺氧、甚至真空環境下會進入「隱生」狀態，可持續一百二十年之久，等待適當的條件再「復生」。

面就有幾十億個細菌，估計大約有五、六千種，而我們對這些生物幾乎一無所知。此外，還有一群更小，而且種類可能更為多樣，數量可能更龐大的病毒（這點我們還不是很確定）。有個方式可以讓你對這個樹樁生態系的大小比例稍微有點概念——如果將一個多細胞生物的每一個細胞想像成一座城市，那麼細菌便是城市裡的足球場，而病毒只有足球那麼大。

機會俯拾即是

然而，我們在樹樁旁駐足的一個鐘頭（或是一整天），所觀察到的這一切，其實不過是對它拍幾張快照而已。隨著經年累月的分解腐敗，這裡的物種會逐漸變化，物種的個體數和生態區位也都跟著變動。在這轉變過程中，原本正在從新鮮切口流淌樹脂的樹樁，會漸漸轉變成碎屑，釋放營養鹽至土壤中，生態區位也隨之產生新舊交替。最後，樹幹變成殘破的碎片，附近植物的根部穿透進來，其上則覆蓋著來自其他樹木樹冠層的斷枝和落葉。整個樹樁便是一個微型生態系，在分解的每一個階段，樹幹上的動植物相都在變化。這個系統的每一寸，不論是活的，還是死的，都在和周圍環境交換能量與有機物質。

這個特殊的世界對你來說有什麼用呢？你打算像個生態學家或是生物多樣性專家去著手研究嗎？那麼你和你的研究同仁該如何面對這個代表地球生物圈幾乎無限變化的縮影？講了這麼多，已知的卻很少，我們甚至連那棵樹上的物種都無法窮盡，更不用說是陸地上和海洋裡其他無數未知的微型生態系，它們都還沒有人研究過，沒有人知道其中物種的生活史和生態功能，基本上人類對牠們的組成秩序和生物歷程一無所知。

請記住，任何一個物種都可以讓你在生物學、化學甚至物理學界作出重大貢獻，開創傑出的科研生涯。德國偉大的昆蟲學家卡爾·馮·弗里希[23]，發現了許多蜜蜂的奧祕，諸如牠們以搖擺舞溝通的方式，和驚人的地理記憶力，在他獲得了這麼重要的成就之後，還認為自己才剛剛開始探

23 卡爾·馮·弗里希（Karl von Frisch, 1882-1986）。

索這種昆蟲的生物學。他說：「蜜蜂就像是一口神奇的井，你提取的水越多，就發現井裡有更多的東西可以提取。」

第三書

科學人生

A Life In Science

第十一信
最初的良師益友

十八歲時，懵懂無知的我，在阿拉巴馬大學就讀，雖然自己程度很差，但已開始和一位哈佛大學的博士生威廉・布朗通信[24]。布朗僅比我年長七歲，但已經名列世界級的螞蟻權威。當時全球大概只有十來位螞蟻專家，他就是其中一位，當然並不包括那些病蟲害防治專家。

布朗最令人佩服之處在於他對所有自己感興趣的事都很投入，其狂熱

24 威廉・布朗（William L. Brown, 1922-1997）。

程度依序為科學、昆蟲學、爵士樂、寫作以及螞蟻。他在一九九七年去世，我在悼念文中追思他，深感他活脫脫是個擁有一流頭腦的工人。他上酒吧喝啤酒，就當年哈佛嚴格的穿著標準來說，他算是穿得很邋遢，每次和系上其他教師相遇，總是會被調侃一番，但對我這個男孩來說，結識他是天上掉下來的禮物。

良好的入門訓練

布朗在回覆我這位年輕追隨者的信上寫道：「威爾森，你計畫鑑定阿拉巴馬州所有種類的螞蟻，這是個很好的開始。但現在你該認真思考更基本的問題，可以讓你在生物學領域進行原創研究的問題。若是你真要研究螞蟻，你得加把勁，再認真點。」

我剛開始認識他時，他正熱衷於針刺家蟻的分類工作。這類物種主要分布在熱帶和部分的溫帶地區，牠們的構造怪異，一眼便能辨識出來：下顎很長，末端呈勾狀，還長有細針般的牙齒；軀幹上覆蓋著捲曲或槳狀的毛，而且就像許多其他種的螞蟻一樣，腰部環繞著一團海綿組織。

布朗繼續寫道：「威爾森，阿拉巴馬州有很多種針刺家蟻，我要你收集大量的蟻巢來進行我們的研究，同時注意一下牠們的行為，目前幾乎沒有人作過這方面的研究，大家連牠們吃什麼都不知道。」

我喜歡布朗對待我的方式，彷彿是在跟同儕共事，雖然他其實只是在訓練我，就像軍官在指導大頭兵一樣。若我們是在美國的海軍陸戰服役，我想就算是下地獄我也會跟著他——我是說假如地獄裡有螞蟻的話。儘管我少不更事，他還是希望我表現得像專業的昆蟲學家。他堅持要我就是去把工作作好，不會給予「跟著你的感覺走」或「想想看你最喜歡作什麼」之類虛無飄渺的建議。

所以，背負著他對我的信任，我出去完成了任務。剛開始的時候，我用石膏作出一系列大大小小的箱子，好放進野生蟻巢。然後我加了一個較大的箱子讓螞蟻在裡頭覓食。在這些箱子中，我放了很多蟎蟲、跳蟲、各類昆蟲幼蟲以及各式各樣我在針刺家蟻棲地發現的其他無脊椎動物。後來我戲稱這就是「螞蟻自助餐廳」。

我的努力很快就得到了回報。我發現這些小螞蟻喜歡吃身體柔軟的跳蟲，只要認真觀察牠們跟蹤、捕捉獵物的行為，就會明白針刺家蟻的身體構造為何會這麼奇怪。世界各地的土壤和枯枝落葉中都有很多跳蟲，在某些地方甚至是當地的主要昆蟲。但是，一般的螞蟻、蜘蛛和步行蟲很難抓到跳蟲，因為牠們每一體節的下方都有一根可以大幅度活動的長桿，這桿子平時牢牢固定在體節下，但只要有個風吹草動，即使非常輕微，就會觸發跳蟲的保衛機制，將長桿彈放出來，桿子一撞擊到地面，整隻蟲就彈到半空中。換句話說，這個構造像是捕鼠器的陷阱，若是在人類世界中，這相當於是將人拋起十幾公尺，飛越整個橄欖球場的特技表演。

這種跳高本事應付得了大多數的掠食者，但逃不過針刺家蟻與生俱來的利器。當針刺家蟻的觸角接收器感應到附近有跳蟲時（牠們幾乎是全盲的），就會迅速張開長長的大顎，讓頭部前方的活動鉤鎖住它們，有些種類可以張開超過一百八十度。然後，這隻女獵手會慢慢爬向獵物，躡手躡腳地跟蹤接近，此時牠可以說是世界上行動最慢的螞蟻。牠緩緩地擺動觸角，如果左邊氣味較淡就轉向右邊，如果右邊氣味較淡就轉向左邊，保持在正確的方位上。當觸角碰到跳蟲時，立刻拉開活動鉤，釋放蓄勢待發的大顎，大顎底部強壯的肌肉瞬間收縮，砰然合上，鋒利的牙齒便刺進跳蟲柔軟的身體。這時跳蟲通常會同時釋放腹部的長桿，帶著螞蟻一起抛向空中旋轉。我常想，要是針刺家蟻和跳蟲的體型和獅子與羚羊一般大，勢必會成為野生動物攝影師追逐的焦點。

我和布朗早期的針刺家蟻研究成果，有些是個別發表的，有些則是共同發表的，這些報告拼湊出第一份針刺家蟻生物學的知識。首先，這讓生理學家發現，牠們合上大顎的動作可說是動物界中最快速的運動之一。此外，後來的研究還發現，環繞在針刺家蟻腰部的環狀海綿組織會釋放出化學物質，吸引跳蟲接近，將牠們引到大顎前的圈套中。

長時間下來，我們和其他昆蟲學家明白，針刺家蟻是所有螞蟻中數量最豐富而且分布最廣泛的種類。雖然牠們迷你的身軀在土壤和垃圾堆中很不起眼，卻是全球食物鏈中的重要環節。而且針刺家蟻這一屬當中，有許多種類的蟻巢出現在我剛才談到的腐爛樹椿中。

共同成長

往後十年裡，布朗和我自然而然地進入演化生物學的領域。在不斷吸取新知後，我們重建出針刺家蟻百萬年來散播到世界各地，不斷特化的演變歷史。我們想要探究為何這種螞蟻會演變出大大小小不同體型的物種，以及牠們演化出在不同地方築巢（土壤、殘枝、腐木或樹樁）的方式和源由，我們還發現有幾個物種甚至特化出另類的生活方式，能夠住在蘭花上，或是熱帶雨林樹冠層中其他附生植物的根部。隨著研究不斷進展，針刺家蟻的歷史逐漸成為我們的研究重心。後來才發現，原來牠們的演化史波瀾壯闊，絲毫不遜於其他物種，不管是羚羊、嚙齒動物還是鳥類。

你可能不以為然，覺得小小一隻螞蟻沒什麼重要的，根本不值得關注。恰恰相反，螞蟻龐大的數量和總重量足以彌補牠們迷你的體型。在亞馬遜雨林，這個全球生物多樣性和活體組織的重鎮，光是螞蟻這種昆蟲的總重量就超過當地所有哺乳類、鳥類、爬蟲類和兩棲類等陸生脊椎動物總和的四倍。在中、南美洲森林和草原上的切葉蟻，會收集落葉和花瓣碎片，用來培養真菌，這是牠們賴以維生的食物，因此可以將切葉蟻視為當地植物的主要消費者。在非洲的莽原和草原上，建造蟻丘的白蟻也會養真菌，是當地主要的製土動物。

人們經常忽視昆蟲，蜘蛛、蟎蟲、蜈蚣、馬陸、蝎子、原尾蟲、球潮蟲、線蟲、蠕蟲和其他類似的微小動物，甚至連科學家也不例外，但牠們仍然是「掌控世界的小東西」。倘若人類消失了，其餘的生物勢必蓬勃發展，但消失的若是這些陸地上的微小無脊椎動物，幾乎一切生命都將滅絕，大多數人類也難逃一死。

從小我就夢想著探索叢林，在裡頭捕捉蝴蝶，搜尋石頭下不同種類的螞蟻，這碰巧和我先前給你的建議不謀而合：「找一個最少人涉足的地方作研究。」若命運對我開玩笑，也許我就會跟著許多年輕的生物學家一起投入老鼠、鳥類和其他大型動物的研究。然後，就跟大多數的他們一樣，我的學術生涯也會是充實而快樂的研究和教學工作。這完全沒有什麼不好，但就是因為我走上一條稍微反常的道路，我的日子過起來輕鬆多了。我老早就發現，腐爛的樹樁和其他組成生命世界基礎的微生物系統，是科學研究的絕佳機會——雖然在當時，甚至時至今日，我還是常常不自覺地與它們錯身而過。

第十二信
田野生物學的聖杯

布朗和我一路追尋針刺家蟻的歷史，逐漸將重點轉移到現生的螞蟻物種上，想要找出最原始的一類族群，看看誰最接近如今分布世界各地的針刺家蟻的祖先。我們的目標是一種大型蟻，至少在螞蟻界堪稱是大的，俗稱大頭蟻，牠們的體型和廣泛分布於北半球溫帶地區的木匠蟻差不多，約有半寸長。大頭蟻全身長滿刺毛，大顎扁平，前端還長出尖刺。那時候只知道牠們出沒在南美洲熱帶雨林的樹上，除此之外，昆蟲學家對牠們一無所知。不知道牠們在哪裡築巢，不知道蟻巢的社會結構，也不知道牠們如何進食，捕捉何種獵物。於是，有一陣子，牠成為我個人追尋的聖杯——探索無人涉足的科學最前線。

第一座聖杯——沒人研究過的螞蟻

在我追尋螞蟻的世界之旅中，很早就去到了南美洲的蘇利南共和國，當時還被稱為荷屬圭亞那。飛機一落地，我立刻前往首都帕拉馬里博附近的雨林，在那裡搜尋大型針刺家蟻的蹤跡。經過整整一週大汗淋漓的工作和不斷失敗後，我決定尋求當地昆蟲學家的協助。他們派了助理來幫我，還帶來一些熟悉森林而且看過這類螞蟻的本地人，他們很清楚該去哪裡尋找。

很快地，我們發現了一個蟻巢，築在一處植物茂密的季節性沼澤中的小樹上，我先前沒仔細查看過這地方。我們把樹砍倒，鋸成好幾段，帶回帕拉馬里博的實驗室。在那裡，我小心地切開樹幹，發現整個蟻巢都完整地保留在樹腔裡，蟻后、工蟻和幼蟻，所有的一切都在那裡。研究這個蟻巢（和稍後在中美洲千里達托巴哥共和國發現的第二個蟻巢），我成功地將這些螞蟻寫進生物學的空白頁——牠們的蟻巢由幾百隻工蟻組成，工蟻會單獨去樹冠上尋找獵物，自行狩獵，捕捉的昆蟲種類繁多，但體型都比跳蟲大得多，也比其他體型較小的針刺家蟻的獵物大，此外還有更多新發現。

生物學家經常重新檢視生物多樣性，以便找出具有潛力的物種或題目，例如大型針刺家蟻這樣的原始物種。這種做法很有可能為我們帶來機會，找到非比尋常的生物現象。

第二座聖杯——消失一百年的螞蟻

懷著相同的目標，我踏上另一次遠征，去到現在稱之為斯里蘭卡的錫蘭，曾經有人在那裡發現了針琉璃蟻。我知道牠們就像針刺家蟻一樣是相當獨特的一個類群，但針琉璃蟻在現代世界裡數量極少，事實上，牠們正處於滅絕的邊緣，這一點和族群繁盛的針刺家蟻截然不同。

針琉璃蟻在演化史上的輝煌時代早就過去了，約莫是在中生代晚期的爬蟲類時代持續到新生代早期的哺乳類時代，換句話說，大概是距今一億到五千萬年前。從化石遺骸中可以推知，針琉璃蟻演化到後期時種類繁多，數量也很豐富，至於牠們的社會結構、棲息地、蟻巢以及溝通方式和飲食習慣，我們則一無所知。早年我在哈佛擔任研究員時就注意到，在斯里蘭卡中央地帶康提市的郊區佩拉德尼亞，有座六百年歷史的皇家植物園，十九世紀末期曾在那裡採集到針琉璃蟻的兩個現生樣本，但從此之後，就再也沒有人採集到這些暗黃色的小螞蟻。

最後一種現生的針琉璃蟻已經滅絕了嗎？牠們的演化史就像渡渡鳥和袋狼（塔斯馬尼亞狼）一樣，在短短數百年間就消失殆盡了嗎？我有股衝動，想要找出答案來。又是一個聖杯！

一九五五年，我二十五歲，搭乘一艘義大利輪船抵達可倫坡港，直奔康堤市的烏達瓦塔凱勒皇家森林園區，那裡應該是原始狀態保存最好的自然保護區。我在那裡搜尋了一個星期，整個白天都在工作，但什麼都沒有找到，連一隻針琉璃蟻的工蟻都沒瞧見。最後，只好轉往開發程度較高的佩拉德尼亞皇家植物園，那裡是當初發現標本的地點，結果還是無功而返。看來，這個我夢寐以求的物種，和牠們那群曾在演化樹上枝繁葉茂的針琉璃蟻家族似乎真的消失了。

我實在不能接受這個結果，決心繼續尋覓，所以動身前往南部小城拉特納普勒，打算從那裡進入附近的熱帶雨林，當時那片雨林幾乎是一直綿延到斯里蘭卡中央高原南端的亞當峰。

一到拉特納普勒，我就前往當地客棧落腳，梳洗一番，一小時內就前往附近的蓄水池，雖然岸邊因為行人和放牧的牛隻而損毀，我還是發現一處小樹林。我隨手撿起一根中空的樹枝，折成兩半，毫不指望裡面會出現什麼有趣的生物。結果完全出乎我的意料，裡面爬出了一串憤怒的針琉璃蟻。我呆呆地站在那裡，瞪著這份美妙的禮物，甚至沒有察覺到工蟻螫咬手臂的刺痛感。我想這就跟奧杜邦學會的鳥類專家在繪製出一個新物種時，也不會在乎被紙割到吧！

第二天，滿懷興高采烈心情，當然這只有身為昆蟲學家才能感受到，我搭上當地的公車，前往雨林邊緣。可倫坡自然史博物館派了一名助理陪我，他主要是來向當地的印度教極端禁欲主義者保證，我得到豁免的資格，不受他們禁止殺害所有動物的宗教規範所限制。在他們的教義中，即使微小如螞蟻，也是神聖的。沿著森林步道，我很快就發現了幾個針琉璃蟻的蟻巢。在野外，得趁著大雨停歇的時刻研究牠們。我將幾個蟻巢放入人工巢中，以便帶回去研究牠們溝通、照顧幼蟲與蟻后的方式，以及社會行為的其他層面。回到哈佛之後，我跟幾位同事合作，一同將針琉璃蟻的解剖構造描述完成。

將近三十年後，我在哈佛指導一位來自斯里蘭卡的大學生阿筊拉・賈亞蘇里亞[25]，她想要深入調查針琉璃蟻，作為畢業論文。她發現這類螞蟻的分布範圍正在明顯地萎縮，這完全不讓人意外，因為自從我上次調查之後，斯里蘭卡不斷開發低地森林。此時，我成功地將針琉璃蟻加入國際自然保護聯盟（IUCN）的瀕危物種名單，成了少數稀有昆蟲中頗具知名度的物種，甚至在瀕危物種這一類別中也小有名氣。

挫敗是難免的

在那段時間裡，螞蟻這種微小但遍布全球的生物的演化史成為關注焦點。許多人前仆後繼地投入研究，有的從化石著手，有的則探索現生物種。藉由找出過去未知的物種，並判定牠們之間的親緣關係，我們得以把現生類群的演化過程一步步建構起來。

有一段時間，最大的謎題是，當今世界上所有螞蟻的共同祖先是從

25 阿筊拉·賈亞蘇里亞（Anula Jayasuriya），科學家兼企業家，曾參與多項與生命科學相關的國際性資金運作活動。

哪個物種演化來的？世界上並沒有獨立生活的螞蟻，據我們所知，所有現生的物種，都會形成蟻窩，裡頭有蟻后和擔負所有工作但無法生育的一大群女兒（或幾乎無法生育）。在蟻巢中養育雄蟻純粹是為了和蟻后交配，雄蟻一旦離開蟻巢尋找配偶，就不許返回，很快就會死亡。所羅門王顯然對螞蟻生物學一無所知，才會對懶惰的男人提出這樣的警語：「去看看螞蟻，學學牠們的生活方式，你就會更為明智。」然而，究竟這種怪異但又非常成功的社會結構是如何出現的呢？

年輕時，我們研究過很多化石，其中有些年代相當久遠，可以追溯到五千萬年前，然而不管是怎樣的年代，每一個物種的化石總是找得到工蟻階級，所以始終無法得知牠們的社會組織的起源。我們這些螞蟻學家所要追尋的聖杯，被稱為「失落的環節」，它是個原始蟻巢，就像五千多萬年前的螞蟻祖先住的窩一樣，而且架構要夠簡單，才能由此找出牠們社會行為起源的線索。

就目前所知，最有可能的選項是澳洲的黎明蟻（巨偽牙針蟻）。不幸的是，就跟斯里蘭卡的針琉璃蟻現生種一樣，當時我們對這個物種的認識也僅限於兩個標本而已，是一九三一年在澳洲西部一處人煙罕至的曠野裡採集到的，那裡堪稱是世界上最荒涼的地方，西起海濱小鎮埃斯佩蘭斯，往東延伸到像沙漠般的納拉伯平原邊緣，這片占地二點六萬平方公里的遼闊曠野，在一九五〇年代完全沒有人煙。在我前去調查的二十年前，曾經有批冒險家騎馬遠征路過這片荒原，他們從洲際高速公路南下，前往一棟海邊的廢棄莊園，當地人稱為托馬斯河農場，然後向西走了一百六十公里抵達埃斯佩蘭斯。他們穿越的「荒地」其實是世界上物種最豐富的區域，看似貧瘠的灌木叢裡，長著大量在地球上其他地方都不曾發現的植物，以及連科學家都不認識的昆蟲。

在這個一九三一年出發的探險團裡有位年輕的女性，她答應昆蟲學家約翰·克拉克[26]，幫他沿途採集螞蟻；克拉克任職於墨爾本的維多利亞國

26 約翰·克拉克（John S. Clark, 1885-1956）英國昆蟲學家，出生於蘇格蘭的格拉斯哥，一九二〇年抵達澳洲，研究澳洲西部螞蟻將近四十年。

家博物館，是當時澳洲唯一的螞蟻專家。她隨身帶了一瓶酒精，發現螞蟻時就滴在牠們身上。日後，克拉克檢視這些標本時，驚訝地發現一個前所未見的螞蟻物種，形狀近似黃蜂，似乎是已知的現生螞蟻物種中，在身體結構上最接近螞蟻共同祖先的一種，可惜採集者並未記錄下發現牠們的地點，澳洲黎明蟻可能出現在這一百六十幾公里長路上的任何一處。

一九五五年去澳洲研究螞蟻時，我一心一意想要再找出這個神祕物種，牠們早已成為博物學家心目中的傳奇。我想知道牠們是否發展成完全或部分的社會性動物，是否和其他螞蟻一樣具有蟻后和工蟻等階級功能組織，或者牠們的社會架構還停留在其他高度特化螞蟻的雛形，當時的生物學家對於螞蟻發展出社會生活的起因一無所知。

那時我還年輕，才二十五歲，正是充滿活力、樂觀進取的年紀，邀請了兩位同好一起加入我重尋黎明蟻的旅程。我的兩位旅伴，一位是熟悉西澳環境的澳洲知名博物學家文森·瑟文提[27]，一位是經驗老到的螞蟻專家卡里爾·哈斯金斯[28]，他當時才剛獲聘為位於華盛頓的卡內基科學研究所所長。我們約在埃斯佩蘭斯碰面，在那裡將裝備放上一輛老舊的軍用平臺式卡車，沿著一條泥巴路東行至托馬斯河農場。一望無際的平原上點綴著花叢和草叢，美不勝收，最棒的是沿途渺無人煙，整趟旅程中，我們只看到一輛車。我們日以繼夜地向四面八方搜尋了將近一個星期，晚上要擔心營地周圍徘徊的澳洲野狗，到了白天則被夏日豔陽搾乾最後一滴汗水。當我們踏入巨型肉食蟻的蟻巢，立即掀起軒然大波，這些紅棕色螞蟻憤怒地起身捍衛家園，朝我們這些入侵者惡狠狠地咬下去。我害怕嗎？完全不會，我喜歡在那裡的每一分鐘。

我們特別抽出一天北上雷格特山，那裡有片光禿禿的砂岩斜坡，可能就是採集到黎明蟻的地點。和一九三一年的探險隊一樣，那裡唯一的水

27 文森．瑟文提（Vincent Serventy, 1916-2007）澳洲著名鳥類學者、保育人士、作家。

28 卡里爾．哈斯金斯（Caryl Parker Haskins, 1908-2001）美國作家、發明家、慈善家、政府顧問、螞蟻生物學研究先驅。

源，來自一處陰暗的山脊，潮濕的岩壁會落下水滴，平均一小時滴滿一杯。然而，最後還是無功而返，找不到黎明蟻的下落。

整體來說，我們的努力沒有完全白費，一路上還是找到了許多新種螞蟻，只是標本中沒有一隻是黎明蟻。趁興而來，敗興而歸，這次的失敗探險是我科學生涯中最挫折的一次經驗。

不過澳洲媒體倒是大肆報導我們失敗的遠征，這激起了許多昆蟲學家想要進一步在這片荒野中探索的念頭。當地科學界普遍認為，若真要尋找、研究這種特殊的昆蟲，應當由澳洲人而不是美國人來動手，他們已經覺得美國人來得太頻繁了。

當時在澳洲首都坎培拉擔任國家昆蟲館館長的羅伯特．泰勒[29]，是我以前在哈佛指導的博士生，他也打算放手一搏，抓住這個尋求聖杯的機會，不僅是為他自己，也賭上了澳洲昆蟲學界的榮譽。他的小組一路西行，企圖尋找黎明蟻的國度。探險隊駐紮在桉樹林旁，這是一種長得像灌木的植物，夜晚寒風刺骨，實在不是尋找任何昆蟲的好時機，但泰勒還是出外尋找，帶了支手電筒以防萬一遇到什麼其他狀況。幾分鐘後，他跑回營地，喊著：「我找到了！我找到這天殺的寶貝了！」現在昆蟲學界都對此津津樂道，終於找到黎明蟻了，雖然不是澳洲人發現的，好歹是個紐西蘭人。

原來，黎明蟻是在冬天較活躍的物種，工蟻在蟻窩中等到涼爽的夜晚降臨，才會出外覓食，牠們的獵物以昆蟲為主，多半是行動遲緩、容易捕捉的。這個物種屬於古老的岡瓦納動物群，這個動物群的昆蟲和其他生物多半起源於中生代，大約是岡瓦納超大陸分裂活動早期以及新喀里多尼亞、紐西蘭和澳洲陸塊向北漂移的時期。岡瓦納動物群裡頭殘存的物種，包括黎明蟻在內，都演化出適應南半球溫帶氣候區的特性，甚至能適應冬季寒冷的溫度。在盛夏的埃斯佩蘭斯搜索時，我應該要想到這一點才對，可惜我沒有。

29 羅伯特・泰勒（Robert W. Taylor）現任澳洲聯邦科學與工業研究組織昆蟲學部門榮譽研究員、澳洲國立大學生物學研究所教授。

第三座聖杯——尋回失落的環節

一找到黎明蟻族群的出沒地點，頓時引發各式各樣的研究熱潮，從這個物種的生物學到自然史，幾乎每個層面都有人探討。經查證後發現，黎明蟻的許多社會行為確實是相當原始的，但並不是我們所期望找到的低度社會化物種。就跟所有其他已知的螞蟻一樣，牠們的蟻巢中也有蟻后和工蟻，牠們築巢、覓食並且養育自己的姐妹，一整巢都是供養蟻后的雌性下屬。

即便體型這樣微小，尋找螞蟻的起源，就跟尋找恐龍、鳥類甚至人類自身遙遠的哺乳類祖先一樣重要。我明白，要是在現生物種中找不到理想的聯結關係，研究人員必需得從正確地質時代的化石下手，才有辦法取得進展。然而，在一九六六年之前，最古老的螞蟻化石只屬於五、六千萬年前的始新世初期到中期，這比演化出螞蟻的年代相對年輕許多，在那時期的螞蟻，數量已經相當龐大，種類也很多，早已分布在全球各地。我們甚至在來自歐洲波羅的海區域的琥珀中，發現一個類似現生澳洲黎明蟻的滅絕物種。

當時一切都讓人十分沮喪。螞蟻顯然是出現在中生代，也就是早於六千五百萬年以前，但有很長一段時間，我們找不到那時期的任何標本。在這個當今世上舉足輕重的昆蟲和其最早的祖先物種之間，彷彿隔了一層讓人看不透的黑色簾幕。直到一九六六年，我在哈佛接獲消息，在一處地質採樣點發現了九千萬年前的琥珀，裡頭有兩隻看起來像是螞蟻的標本，而且發現的地點不是什麼遠在天邊的異國化石床，是近在眼前的紐澤西州海岸，而且正在送往我研究室的路上。終於，我們有機會揭開這層神祕的面紗！

由於我太過興奮，將琥珀從包裹中取出時，竟然失手掉在地上。結果琥珀碎成兩塊，滾到不同的角落去。我整個人嚇呆了，緊張得要命，不知道自己造成了什麼災難。幸好這兩塊碎片各自包含一隻完整的螞蟻化石，完好如初。等我拋光表面，讓它們像玻璃一樣平滑，發現這兩個標本的外部構造保存得非常好，彷彿是幾天前才包進樹脂裡。

我和研究伙伴將這隻中生代的螞蟻命名為弗雷氏蜂蟻，字首用來紀念發現標本的埃德蒙．弗雷夫婦，後面則來自黃蜂蟻屬。我們之所以選用黃蜂蟻這個屬名，是因為這個物種的頭部與黃蜂非常類似，身體的某些部分很像螞蟻，其他部分則介於黃蜂和螞蟻之間。總之，失落的環節找到了，又發現了另一個聖杯。

這項發現一宣布，立即在昆蟲學界掀起熱潮，大家相繼投入搜尋中生代晚期沉積岩和琥珀中的螞蟻，或是類似螞蟻的黃蜂。二十年間，陸陸續續在紐澤西州、加拿大的阿爾伯塔省、緬甸與西伯利亞的沈積岩中發現更多標本。除了在黃蜂蟻這一屬找到更多物種之外，演化發生學的研究也為這些新發現帶來曙光，漸漸地拼湊出螞蟻早期演化史中物種多樣化的故事。我們發現，螞蟻出現的年代至少是在一億一千萬年前，甚至有可能回溯到一億五千萬年前。

可惜的是，在那個時候仍然只有化石證據而已，無論是在野外還是實驗室，都找不到現生物種來研究社會行為的演化關係。看來似乎無法直接研究原始的螞蟻社會行為，恐怕只能間接地拼湊各種資料來建構這些知識。到頭來，澳洲黎明蟻和其他少數幾種較為原始的現生螞蟻可能還是最好的研究材料。

火星小怪物

到了二〇〇九年，這一切完全改觀，一位年輕的德國昆蟲學者帶來了驚喜。克利斯提安・拉貝林[30]在亞馬遜流域中部的馬瑙斯城挖掘土壤和落葉堆，拉貝林在野外工作時，號稱不會放過任何一顆石頭，我曾和他一起出野外採集過，確實是名不虛傳。他也很會爬樹，可以不用任何裝備就徒

30 克利斯提安・拉貝林（Christian Rabeling）當時還是德州大學奧斯丁分校的研究生。

手上樹，摘下樹冠中的蟻巢。有一天，正當他在尋找新種螞蟻時，發現落葉下有隻顏色很淺，長相古怪的螞蟻在爬行。抓起來的那一刻，他意識到這隻螞蟻不屬於任何已知的屬或種。

到哈佛訪問期間，拉貝林帶著新發現跟其他收藏品一起來到戲稱為「螞蟻室」的標本間。這裡位於哈佛大學比較動物學博物館四樓，狹小的空間裡收藏著目前全世界規模最大、最完整的螞蟻標本，是一個多世紀以來歷經好幾代昆蟲學家建立起來的，標本數量超過一百萬（但從沒有人自願去計算正確的數量），包含六千多種螞蟻。世界各地的螞蟻專家紛紛來此鑑定他們收集的標本，進行分類和演化研究。拉貝林帶他的亞馬遜怪蟻光臨時，有好幾個人也在場。

在一陣錯愕之後，那群人決定到位於標本館另一側的我的辦公室，請我來看看。直到今天我都還記得那一刻，當我往顯微鏡裡看去，我驚喊道：「天哪，這東西應該是來自火星吧！」我對這小東西也毫無頭緒。後來，拉貝林在學術期刊上描述這物種時，正式將它命名為火星蟻，意思大概是「發現小小火星人了」。

牠當然是一隻螞蟻，而且比澳洲黎明蟻還要原始，在整個螞蟻演化樹上占據一根更古老的分支。三年後的今天，在我寫本書之際，還沒有發現第二隻火星蟻。亞馬遜地區太遼闊，搜尋起來非常困難，但我由衷希望，若這個物種也是社會性昆蟲，總有一天能找到牠們的蟻巢，或許是由一個或幾個新生代的巴西螞蟻專家發現。

你可能會覺得我的螞蟻故事只是科學界的奇聞軼事，只有相關研究人員才會感興趣。你這樣想固然沒錯，但這只是題材不同而已，同樣的熱情也可以投入在釣魚、南北戰爭或是羅馬硬幣上。尋找某個知識領域裡的聖杯不僅能增加現實世界的知識，還可以與其他知識體系相聯結，往往正是這樣的觸類旁通促成科學的重大進展。

第十三信　勇氣的獎賞

在亞馬遜森林發現火星蟻的六年前，昆蟲學家就已開始嘗試建構所有現生螞蟻的族譜，用更專業的術語來說，我們是在探討其親緣關係分支，在這段過程當中，我有另一個故事特別值得與你分享。

一九九七年，我終於從哈佛大學退休，不必再指導新的博士生，沒想到在二〇〇三年的某一天，有機體與演化生物學系的研究生委員會主席打電話來，他對我說：「艾德，我們今年的招生名額已經滿了，但還有一個年輕女孩非常特別，感覺起來很有前途，充滿希望，如果你同意當她的推薦人和指導教授，我們就再多收她一個。她對螞蟻極度狂熱，非常想以此當作研究主題，還在自己身上刺青，紋上螞蟻圖案來證明這一點。」我很欣賞這樣的熱情，再看了她的履歷之後，覺得哈佛很適合她，而她似乎也很適合哈佛。我向系上建議立即同意這位來自紐奧良的柯瑞．索克斯[31]的入學申請。

索克斯進來後，我就知道我們的決定是正確的。她輕輕鬆鬆地通過第一年課程的基本要求，到年底時她已經很清楚地知道博士論文要研究什麼。當時有分屬三個不同研究機構的螞蟻分類專家，獲得聯邦政府數百萬美元的補助金，他們計畫要使用ＤＮＡ定序這項最先進的技術來建立世界上所有主要螞蟻類群的系譜關係圖。這是一項重要但也十分艱鉅的任務，要是成功的話，便能整合全球已知的一萬六千種螞蟻之分類、生態與和其他生物學調查研究。另外，許多專家也意識到，深入了解螞蟻，就等於是對地球的陸域生態系統有更廣泛的認識。

索克斯表示她想寫信給這三位研究計畫主持人，徵詢他們是否同意讓她負責部分工作，解碼其中的一小個分類群（總共有二十一個亞科）。我認為這主意不錯，若是她有辦法作到，會是相當出色的成就，而且這也是認識其他專家，和他們一起工作的好機會。

但是沒過多久，她就來告訴我，三位計畫主持人都回絕了。他們都不願意在團隊裡增加新人，而且是欠缺經驗的研究生。我從學生時代開始就鍛鍊出一副厚臉皮，不認為遭到拒絕就是對一個人的全盤否定，因此我對她說：「好了，不要為這件事難過。這些計畫主持人的決定不見得是件壞事。妳何不挑個其他想作的題目？」

幾天後，她回來對我說：「威爾森教授，我一直在想這個問題，我相信我可以自己作完這整個計畫。」我說：「整個計畫？」她認真而誠懇地回答：「是的，二十一個亞科的所有螞蟻。我可以作完。」

索克斯補充說，哈佛擁有世界一流的螞蟻收藏，這是很大的優勢。她

31 柯瑞．索克斯（Corrie Saux）後來改姓為莫羅（Corrie Saux Moreau）。

表示她只需要一位博士後研究生來協助DNA定序，而她剛好認識有人願意作這份工作。我應該聘請這個人嗎？想了一下，我的直覺戰勝邏輯思考，脫口而出：「好吧！就請他吧！」

索克斯看起來不是虛張聲勢的人，沒有一絲絲的驕傲和自負，她沈默寡言，是個安靜的狂熱分子。事實證明她還具備開放的心胸，樂於幫助朋友、同學和周圍的人。她是紐奧良人，來自舊金山州立大學，這讓同樣身為南方人的我感到與有榮焉。我希望她能成功，雖然沒有和她合作這項計畫，但我替她找來資金，建立她自己的實驗室。何樂而不為呢？這麼作正是鼓舞想像力、希望和勇氣的最好方式。索克斯還有一條退路，要是她作不完全部，至少可以用一部分的結果來寫論文。其實我還是從旁提供了一點協助，在她開始研究之後的幾個月，我因為另一個計畫前往佛羅里達群礁，在那裡，我幫她採集到一些在野外很難發現的另一屬螞蟻（Xenomyrmex）。在這段期間，她需要找專家諮詢一些複雜的統計推論方法，我也提供了資助。

這時我下定決心要堅持到最後，看看索克斯會作出怎樣的結果，我認為，她確實可以完成當初設想的目標。

二〇〇七年她終於完成了，審查委員仔細地讀完她的博士論文，而且批准通過。早在二〇〇六年四月七日，她就將主要結果發表在《科學》雜誌上，還成為那一期的封面故事。她的成就相當傑出，就算是資深研究人員也未必作得到，不過，我得承認，當索克斯將論文提交審查委員會時，我還是有點緊張與擔心。

後來我得知，獲得大筆研究經費的三人團隊也完成了他們的工作，準備稍後發表結果，讓歷史在同一年見證兩項獨立且同時進行的研究。這三位都是備受重視的科學家，我對此感到十分欣慰，但是這也意味著索克斯的研究將要接受全面地檢驗，要是這兩份親緣系譜關係圖不一致呢？我實在不願去想這樣的結果。

最後的結果讓我鬆了一口氣，這兩份親緣系譜關係圖幾乎完全一致，在二十一個亞科中僅有細蟻亞科這個鮮為人知的類群擺放在不同的位置上，後來也透過更多的數據和統計分析而解決了這個差異。

索克斯雄心壯志的奮鬥故事，我覺得特別值得和你分享。這表明在科學中的勇氣是來自於自信（不是自負！），願意承擔風險但具備應變能力，無懼於權威，遭遇挫敗後迅速採取新方向，不論是輸是贏，這些都是重要的特質。我最喜歡的一句格言，出自輕重量級拳擊手弗洛伊德·帕特森[32]，他曾擊敗重量級對手贏得冠軍，他表示：「挑戰不可能的，才能成就不尋常的。」

32 弗洛伊德·帕特森（Floyd Patterson, 1935-2006）曾獲得一九五二年赫爾辛基奧運會金牌，一九五六年成為第一位奪下職業賽拳王寶座的奧運金牌選手，也是最年經的重量級拳王。

第十四信　融會貫通

要在科學研究中有所發現，不論規模大小，首先你得成為那個題目的專家。要達到專家級的程度，創新者需要全心投入，這意味著勤奮工作，努力不懈。

只要稍微看看過去作出重大發現的科學家的經歷，就不難明白上面所講的確實是至理名言。理論物理學家史蒂文．溫伯格[33]便是一個最佳範

33　史蒂文．溫伯格（Steven Weinberg）。

例，他在一九七九年和謝爾登．李．格拉肖[34]與阿卜杜勒．薩拉姆[35]共同獲得諾貝爾物理獎，得獎原因是他們的「電弱理論貢獻卓著，統一了基本粒子間弱力和電磁力的交互作用，並且預測弱中性流的存在。」溫伯格這麼說：

我在紐約市出生，父母是弗雷德里克和伊娃．溫伯格。我早期對科學的興趣受到父親的鼓勵，在十五、六歲時興趣逐漸轉移到理論物理上……。

一九五七年取得博士學位後，我便在哥倫比亞大學進行研究，一九五九年前往柏克萊大學繼續研究，在那裡待到一九六六年。在這段期間，我的研究範圍廣泛，包括費曼量子場論的高能行為、第二類弱作用電流、對稱性破缺和介子物理等。我之所以選擇這些主題，是因為我想擴充自己在物理學領域中的視野。在一九六一到六二年之間，我開始對天體物理感興趣，寫了一些宇宙中微子群的論文，然後動筆寫《引力與宇宙學》，最後在一九七一年完成。在一九六五年年底，我開始研究流代數以及其在自發對稱性破缺的強作用力上的應用。

顯然，溫伯格不是一覺醒來，就拿起筆和紙，寫下他突破性的見解。

再看看另一個截然不同的領域，詹姆斯．華生[36]在《雙螺旋》一書中，曾對X射線晶體學領域的麥克斯．佩魯茨[37]和勞倫斯．布拉格[38]有一番精彩的描寫。他那本書可說是有史以來寫得最好的科學家回憶錄，我強烈建議每個年輕人都去找來讀，他的文筆生動，可以讓人親身體驗到科學發現

34 謝爾登．李．格拉肖（Sheldon Lee Glashow）。
35 阿卜杜勒．薩拉姆（Abdus Salam, 1926-1996）。
36 詹姆斯．華生（James Dewey Watson）。
37 麥克斯．佩魯茨（Max Ferdinand Perutz, 1914-2002）。
38 盛廉．勞倫斯．布拉格（William Lawrence Bragg, 1890-1971）。

的震撼。在書中，他描述了確定DNA結構的必要步驟，這個分子，可說是當今世上最重要的編碼分子。

弗朗西斯[39]去的那間研究室是由麥克斯·佩魯茨主持的，佩魯茨在一九三六年從奧地利來到英國。十幾年來一直在收集血紅蛋白晶體的X射線繞射資料，目前已經有些線索了。協助他的是劍橋大學卡文迪許實驗室的主任勞倫斯·布拉格爵士。布拉格曾獲得諾貝爾獎，是晶體學的創始人之一，近四十年來，一直嘗試以X射線繞射方法來解決各種分子的結構問題。他處理的分子結構難度與日俱增，但分子結構越複雜，在找到新方法解決時，布拉格就越開心。因此，在世界大戰結束後，他特別熱衷於蛋白質的結構，這是所有分子中結構最複雜的。在處理完日常公事之後，他通常會到佩魯茨的辦公室討論最近做好的X射線的圖像，回家後繼續思考要如何解釋這些資料。

越困難越有價值

在一九八五到二〇〇三年這段將近二十年期間，我實現了一個前人認為難度極高，甚至是不可能的夢想。從哈佛退休前，我利用課餘、既定研究與寫作計畫之外的時間，來進行大頭家蟻屬的分類和自然史研究。這一屬的螞蟻非比尋常，其中包含的物種數量是螞蟻各屬中最多的，迄今為止都不曾有其他屬超越，事實上，這是整個動植物界中物種數量最多的一屬。大頭家蟻的分布範圍很廣，從沙漠、草原一直到雨林深處都可以找到蹤影，個體數量通常也是最多的。大頭家蟻屬最大的特徵是，牠們的蟻巢中除了體型較修長的工蟻之外，還有頭部較大的兵蟻。多了這項變異，勢必更增加牠們這類不尋常昆蟲的生物複雜性。

當我開始重新檢視這一屬時，牠們的分類狀況基本上是個爛攤子，這

39 弗朗西斯・克里克（Francis Harry Comton Crick, 1916-2004）。

顯然是我大展身手的好機會。我發現大多數的物種根本無法由早期分類者的簡要說明來鑑定，更糟的是，上個世紀收集的標本分散在美國、歐洲和拉丁美洲等六、七間博物館裡。

我決定開始進行這項計畫時，這類螞蟻的重要性已不容忽視，這屬螞蟻有很多物種是其棲息環境中的重要成員，相關研究題目從牠們在生態系中的共生關係、能量流動、轉變土壤到其他基本現象都有，然而生態學家卻無法準確標示他們所觀察的物種。除了在北美的採集點之外，在報告中，他們通常只能將標本編碼，寫成「一號大頭家蟻」、「二號大頭家蟻」，一直編號到二十好幾。這種標示方法對地區性的研究人員來說可能還行得通，但是其他地方的生物學家也會有自行建立的物種名冊，他們的一號蟻、二號蟻和三號蟻不大可能和其他人的一致，除非研究人員不辭辛勞地把標本彙整在一起，才能逐一比對這些物種名稱。最好是在一開始就讓所有人使用同一份完整的物種清單，當中的每個物種都經過仔細鑑定，並且在文獻中已普遍使用其學名。一旦完成分類，想要研究這一屬的生物學家便能確定觀察對象的通用學名，他們可以立即整理研究結果，和其他人的研究作比對，還可以從文獻中找到這個物種的相關資料。

很多人將分類學視為一門古老過時的學科，我有一些作分子生物學研究的朋友，過去都戲稱分類學家的工作像是集郵（也許現在還是有人這樣說），其實這工作完全不像集郵那樣的閒情雅致。為了改頭換面以正視聽，分類學後來更名為「系統分類學」。這門學科可說是現代生物學的基礎，在實際操作上，會用到野外調查和實驗室的DNA定序技術、統計分析以及先進的資訊技術輔助。這使得系統分類學成為生物學的基礎，不僅可進行親緣系統研究（重建物種演化樹），也是遺傳分析和物種分化的地理研究之根基。由於其他學科的鑑種需求，分類學的任務變得更為繁重，這主要是因為動物界和微生物界的多數物種，以及為數不少的植物，都尚待鑑定與發現。

螞蟻分類學家將大頭家蟻這一屬形容成螞蟻界的聖母峰，在眼前傲然高聳，似乎不可能征服。那時候其實還有許多挑戰性沒那麼高但仍舊很重要的工作可以作，同樣也會開創出成果豐富的新局面。但我毅然決然地選擇這個挑戰。有感於自己可能會失敗，所以一開始就找了帶我入門的前輩布朗一起合作，可惜計畫開始沒多久，他的健康狀況開始走下坡，不久只剩我一個人單打獨鬥，於是決定從西半球這個大頭家蟻屬多樣性的大本營著手。我覺得自己有義務堅持到最後，一來是因為我有地利之便，可以就近前往螞蟻標本及文獻收藏最豐富的哈佛比較動物學博物館，二來是因為我覺得這是我的職責。

最後，終於在二〇〇三年完成了《新世界的大頭家蟻：物種最多樣的螞蟻屬》[40]，這本書出版時厚達七百九十八頁，包含六百二十四個物種，其中有三百三十四個新種，每個物種都附上了當時文獻中所能找到的生物學資料，還有自己親手畫的五千多張插圖。在書稿送印之際，博物館還是陸陸續續收到田野調查合作者送來的新種，估計在本世紀末，這一屬的物種總數將會破千，甚至可能超過一千五百種。

擴張戰果

完成那本書，等於是攀登上螞蟻分類學的高峰，但我和登上聖母峰的希拉里與諾爾蓋這類探險家不同，在挑戰大頭家蟻屬這項無止盡的分類工作時，我心中另有其他盤算。其中一個是在研究每個物種的期間，順便尋找新的現象。我採用的是在第三信中所提過的第二個策略：每一個物種都很適合探究幾個重要問題。這項策略確實奏效了，其中一項成果便是發現「敵化」現象。

敵化現象背後的原理其實很簡單，每個物種，不論動植物，在自然棲地中都被其他種類的動植物所包圍，其中大多數對物種本身的影響都是中性的，有些是友好的，甚至建立共生關係，彼此依賴，有些關乎生存，

40 Edward O. Wilson, *Pheidole in the New World: A Dominant Hyperdiverse Group of Ants.*

有些則是在於繁衍後代，比方說授粉動物和開花植物之間的關係。另一方面，也有一些動植物會對特定物種產生害處，甚至威脅到物種生存。要是物種具有識別危險敵人的本能，懂得避開或是摧毀敵人，這會是強大的生存優勢。

這原理聽起來稀鬆平常，問題是物種是否真的演化出這樣的敵化反應？我其實從來沒有認真想過這個問題，只是碰巧意外地發現這個現象。進行大頭家蟻分類計畫時，我在實驗室養了一窩齒突大頭家蟻，這種螞蟻在美國南部為數甚多。當時，實驗室裡還養著一窩紅火蟻。有一天，我正在作例行的小實驗，將其他種類的螞蟻和昆蟲丟到齒突大頭家蟻的人工蟻巢入口，看看牠們有什麼反應。我很想知道哪些蟲會引牠們的大頭兵出巢。

這種作法通常都不會引發什麼特別的反應，接觸到入侵者的螞蟻若不是退回蟻巢，就是只喚來幾隻同伴一起趕走牠。然而，當我在同一個地方丟入一隻紅火蟻的工蟻時，卻引發了整個蟻巢的騷動。出外覓食的工蟻遇到入侵者後立即衝回蟻巢，沿路留下一條氣味線索，並且急忙地和巢內其他螞蟻一一聯絡。工蟻和兵蟻從蟻巢中蜂擁而出，全面搜索那隻紅火蟻，發現牠之後，立即展開猛烈攻擊。小型的工蟻又咬又扯，使勁拉住牠的腿，兵蟻則張開銳利的大顎，使用大頭內部強大的內收肌，輕鬆地切掉火蟻的附肢，讓牠無法動彈。顯然火蟻是齒突大頭家蟻的大敵！

在實驗室中，當我將大頭家蟻和火蟻的蟻窩擺在一起時，火蟻巢中的探子會想辦法回去通報牠們的發現，招來同伴前去攻打家蟻。大群的火蟻迅速就擊敗了對手，並且將牠們吃下肚。然而，在一些自然棲地中，這兩個物種的蟻巢都很多，顯然家蟻為了求生存，在築巢時會與火蟻巢保持安全距離，並且殺盡前來刺探的火蟻探子，免得牠們返巢通報。

後來，在哥斯大黎加的熱帶雨林中，我發現大頭家蟻屬的另一個物種（Pheidole cephalica），這種螞蟻在遇到下雨或水面上昇之類威脅蟻巢安全的狀況時，出現的反應更令人驚嘆。我在蟻巢入口滴了一兩滴水珠，小型工蟻會迅速地動員整個蟻巢，在幾分鐘內將整個蟻巢搬到另一處。

像這樣的發現，沒有人一開始就知道在日後會有多重要，坦白說，在對於所研究的生物還不甚了解的時候，就注意到這樣的現象，其實相當罕見，有時這只是一種「對生物的直覺」。

前往南太平洋

讓我用另一個故事來說明這個原則的重要性。二〇一一年，我率領探險隊前往南太平洋，團員當中有螞蟻專家拉貝林，他就是亞馬遜「火星蟻」的發現者。另一位螞蟻專家洛伊．戴維斯[41]，是世界級的鳥類專家，最後一位是凱瑟琳．霍頓[42]，她負責整個探險隊複雜的補給工作。我們的探險從十一月持續到十二月初，那是南半球的春天，計畫造訪兩處群島，一處是獨立島國萬那杜，一處是鄰近的法屬新喀里多尼亞。在這段時間裡，我們前去探訪一九五四年和一九五五年我採集和研究螞蟻的地方，事隔五十七年，我期待觀察到當地的環境變化。我還掃描了當年拍的柯達幻燈片，帶在身邊，以便仔細對照，我特別想要比較自一九五五年以來，荒地、保留區與國家公園的變化。

我們能夠作出怎樣的原創發現，完全取決於我們所具備的知識，特別是在採集和研究螞蟻的計畫中。當然，我們老早就作好功課，所以這趟探險發現了許多新物種，記錄下這些新種的棲地條件，但這只是計畫的一部分，我們還有更大的企圖。如果可能的話，我們想要趁此機會，釐清物種形成過程中的諸多現象，以及牠們如何跨越海洋散布到整個群島的機制。

如果你手邊有張南太平洋的地圖，試著將萬那杜當作中心，想想看這座群島上的動植物是怎麼來的？可能的來源有三：西邊的澳洲和新喀里多尼亞、北邊的所羅門群島以及東邊的斐濟，當然有可能同時來自這三者。螞蟻雖然完全限制在陸地上，但可能透過浮木或樹枝甚至是強風而飄洋過

41 洛伊．戴維斯（Lloyd Davis）。

42 凱瑟琳．霍頓（Kathleen M. Horton）。

海；有能力建構蟻巢的蟻后也可以附在長途飛行的鳥羽上遠渡重洋。我們不奢望在這次的探險中就確認螞蟻渡海的方式，但我們收集了足夠的資料，足以判斷萬那杜的螞蟻主要是來自鄰近的哪個島——研究結果證實是來自所羅門群島。

光是這項發現就值得在野外的一切辛苦工作，但是我們又想到了另一個問題，也希望能找到一些線索。先不管所羅門群島，因為目前對那裡的螞蟻類群所知甚少，我們注意到萬那杜的歷史和附近的斐濟、新喀里多尼亞非常不一樣。這兩處群島很古老，廣大的陸域面積已存在數千萬年。萬那杜的年代和它們差不多，但長久以來只是一群小型且不斷變動的島嶼，在距今一百萬年前左右，其土地面積才剛剛超過今日的十分之一。從斐濟和新喀里多尼亞豐富的動植物相，就可輕易看出這些島嶼悠久的歷史，這兩處群島上都有大量的物種，有些是高度演化的特有種，在世界上其他地方都找不到。

那麼，地質年代相對年輕的萬那杜又是如何呢？在二〇一一年十一月，我們仔細調查了這處群島上的螞蟻，這應該是有史以來第一次有團隊登島研究螞蟻。我們知道，如果這些島嶼的地質年代和新喀里多尼亞與斐濟一樣長，而且擁有大片的土地，那麼等著我們的應該是豐富且高度演化的螞蟻類群。相反地，要是萬那杜目前偌大的面積真如地質學家所言，只有相對短暫的歷史，那麼我們所能找到的螞蟻類群，就不會像斐濟和新喀里多尼亞一樣豐富，應當是比較稀少與獨特的。結果正如地質學家所推測，我們發現的螞蟻類群較小。但萬那杜的螞蟻在牠們「短短的」百萬年歷史中也沒有閒著，我們發現新物種形成的確切證據，島上正在進行其他古老群島已經發生過的生物多樣性爆發活動。簡單來說，現在正是萬那杜螞蟻的演化春天。

關於南太平洋的探險，我還想告訴你另一個故事，是關於一個乍看之下遙遠且微不足道的異國插曲，但日後才明白它其實具有全球性的價值。從這個故事，你會明白，在作野外調查時，知道自己身在何方，應該尋找什麼目標，是多麼重要的事。

調查新喀里多尼亞時，艾爾韋．喬丹[43]也加入了我們這個小團隊，他是當地發展研究所的昆蟲學家，是野外經驗十分豐富的本地人。他帶領我們前往主島（大地島）南端外海的松島，這座小島在我們這批美國人眼中，可說是世界上最遙遠的地方了。此行的目地是要調查那座島上的螞蟻種類，另外我們特別想要尋找牛蟻屬中的 Myrmecia apicalis 這個物種。

牛蟻和澳洲黎明蟻的親緣關係相近，而且身體結構和行為幾乎和黎明蟻一樣原始。目前在澳洲發現了八十九種牛蟻，唯獨 Myrmecia apicalis 這一種擴散到其他地方定居。這種遠離家園的昆蟲讓探究動植物分布的生物地理學家倍感興趣，牠是什麼時候到達這座偏遠的小島？又是如何過來的？在澳洲老家的八十九種牛蟻中哪一種和牠的親緣關係最接近？牠是如何適應海島生態的？又有什麼特別之處？

一九五五年我到新喀里多尼亞時，很想找到這些問題的答案，但是當時根本沒見到它的影子。在新喀里多尼亞群島的主島上，最後一次發現牛蟻的森林早在一九四〇年就被砍光了，後來便推測這種牛蟻已經滅絕。但喬丹在松島的森林裡發現了牛蟻的幾隻工蟻，我們想跟他一起去找蟻窩，希望能多了解一點這個瀕危物種。很幸運地，我們真的成功地在人煙罕至的森林深處找到三個蟻巢，在那裡日以繼夜地拍攝和研究這種螞蟻。這些蟻窩都位在小樹的底部，通道在落葉碎屑下隱藏得很好。我們發現工蟻在黎明時會離巢覓食，獨自往樹冠爬去，黃昏時帶著毛蟲或其他昆蟲等獵物回來。後來我們才知道 *Myrmecia apicalis* 和幾種分布在澳洲東北部熱帶森林中棲地環境類似的澳洲牛蟻有密切的親緣關係，但還是不知道這個物種究竟是何時來到新喀里多尼亞？又是如何在此定居下來？

入侵警報

我之所以提起這段遙遠的自然史，有個特殊的原因。我們在松島的時

43 艾爾韋・喬丹（Hervé Jourdan）。

候，發現有另一種螞蟻嚴重威脅到島上的生物多樣性，不僅新喀里多尼亞的牛蟻受害，多數的動物都跟著遭殃。這種螞蟻是最近幾年由貨船意外帶到新喀里多尼亞的，已經入侵到松島這些離岸小島，進駐那裡的森林，在牠們擴張勢力範圍的同時，也重創當地螞蟻和其他昆蟲族群，事實上幾乎所有在地面活動的無脊椎動物都無一倖免。

這個入侵的外來種是「小火蟻」，源自南美洲森林。托人類世界貨運活動之福，無意中幫助牠們擴張到全世界的熱帶地區。我第一次遇到這個外來種，約是在一九五〇和六〇年代，在波多黎各以及佛羅里達群礁發現的。從那時候起，牠們不斷擴張，入侵到新喀里多尼亞，嚴重危害當地生態。小火蟻的工蟻雖然體型較小，但牠們的蟻巢非常大，而且數量不斷增加，所造成的危害就跟擴散到溫帶國家的紅火蟻一樣糟糕。鄰近的萬那杜政府知道小火蟻的危害甚大，試圖控制牠們的分布範圍，盡量維持在海灣區域，一旦在島內發現，立即噴藥撲殺。

小火蟻對松島的威脅尤其嚴重。我們在島上尋找牛蟻和其他稀有昆蟲時，走訪了好幾座森林，其中一座長滿了新喀里多尼亞群島著名的南洋杉，這些高聳的尖塔形樹木，千百萬年來占據著整個南方陸地的邊緣。我們發現，只要被小火蟻入侵的南洋杉林，就幾乎找不到原生種螞蟻和其他無脊椎動物。新喀里多尼亞牛蟻目前侷限在一處小火蟻尚未入侵的地方，但也只距離小火蟻不斷擴張的領地兩三公里遠而已。這些獨特的昆蟲，還有其他的本土動物，恐怕都會走上滅絕一途，而且可能撐不過幾十年的時間。

有什麼方法能夠阻止小火蟻繼續蔓延嗎？有批法國科學家正在努美阿的發展研究所嘗試各種解決方案，但是至今為止都失敗了。你也許會想，大地島和松島都離我們那麼遠，有什麼好擔心的？在此我要特別強調，小火蟻只是今日在世界各地蔓延的其中一種外來種，目前類似的入侵種數以千計。每個國家的入侵物種，不論是植物還是動物，其數量都成倍數增加，這包括病媒蚊、蒼蠅、啃蝕房舍的白蟻、入侵牧場的雜草和破壞當地動植物相的生物。外來種入侵是導致原生物種滅絕的第二大因素，僅次於人類活動造成的棲地破壞。

若要深入了解入侵問題構成的威脅，並且在災情尚未非常嚴重之前找到解決辦法，需要比現在更多的科學知識和科學技術。人類需要更多熱情且擁有廣博知識的專家，知道尋找的目標與優先順序。這就是輪到你上場的時候了，也是我之所以要告訴你瀕危的新喀里多尼亞牛蟻的故事的原因。

第四書

理論和大圖像

Theory and The Big Picture

第十五信
科學的普世性

雖然科學方法不盡完美，但這是了解宇宙萬物的唯一途徑。你可能會覺得這說法有失偏頗，無視於社會科學和人文學科的存在。我當然知道還有這兩大領域，這類反應我已經聽了不下百遍，而且我每次都仔細聆聽大家的意見。但是自然科學、社會科學和人文學科的基礎之間真的存在很大的差異嗎？

世世代代的社會科學家，在不斷分享研究方法和想法之後，逐漸將這門知識與生物學融合，同時體認到許多社會科學的問題最終都歸結到我們人類這個物種的生物特性。那麼人文學科呢？想必還是有許多人堅決表示他們的所作所為和科學無關，道德推論、美學，特別是藝術創作，都獨立於科學世界觀。在歷史和藝術創作中，人與人之間的關聯可以有無限多種可能，就像是只用幾件樂器便能演奏出類型豐富的音樂一樣。然而，不管人文活動怎樣滋養我們的生活，不論他們怎樣捍衛身而為人的意義，就另一個角度來看，他們其實畫地自限，將自己侷限在人類的範疇中。不然的話，為什麼他們難以想像外星智能的特性和內容？

臆測其他智能類型的存在，不純然只是幻想而已，尤其是在作思考實驗的狀況下。讓我們現在就試試看！想像一下，要是白蟻的體型演化得夠大，足以容納和人類智能一樣的大腦，那會是怎樣的情況？在你看來，或許這完全是荒誕不羈的天方夜譚，畢竟昆蟲的身體都被外骨骼包覆，就像騎士的盔甲一樣，所以牠們的體型再大，也不會超過一隻老鼠，但光是人腦就比老鼠還要大得多。

請等一下！再給我一些發揮空間，如果是在三億六千萬至三億年前的石炭紀呢？那時候在空中飛行的蜻蜓展翅有一公尺寬，而在煤炭林底層穿梭的千足蟲則有一兩公尺長。很多古生物學家認為，這些怪物之所以存在，是因為當時地球大氣層中的氧氣濃度比現在高好幾倍，光是這一點就能讓身披幾丁質外殼的無脊椎動物更容易吸取氧氣，長得更大。

此外，我們通常輕易就低估昆蟲的智能，我最喜歡用小胡蜂來說明，其實昆蟲沒有我們想像的簡單。這種寄生蜂的體型極小，雌蟲會將卵寄生在水生昆蟲身上，牠以腿代槳在水面游泳，像是在水面踩出凹陷，靠著表面張力在水面上行走一陣子。然後她會飛起來，尋找配偶，交配後再返回水面，穿過表面張力層，下潛到水底，尋找一隻合適的昆蟲，然後產卵在牠體內。這一切都是靠小胡蜂體內那顆幾乎肉眼看不到的大腦來完成的。

同樣令人驚嘆的還有蜜蜂和某些螞蟻，牠們能夠記得多達五處發現食物的地方，甚至連一天當中出現食物的時間都知道。非洲狩獵蟻的工蟻會單槍匹馬到離巢很遠的森林深處打獵，儘管牠們的旅程百轉千折，只需行進時抬頭看看，記住上方由枝葉與天空交錯而成的圖案，偶爾停下腳步，稍稍回顧一下剛走過的路徑，等到捕獲昆蟲，牠們便用這幅心靈地圖歸納出回巢的直線路徑。

昆蟲的大腦比句尾問號下方的圓點還要小，牠們怎麼有辦法處理這麼多訊息？主要是因為昆蟲大腦有特殊構造，其組成方式能夠提高單位體積的效率。在昆蟲的腦中，沒有神經膠質細胞，這種細胞在大型動物腦中都有（包括人類），是用來支撐和保護腦細胞的。因此，昆蟲腦部的每單位體積可以容納更多腦細胞。而且，昆蟲腦細胞之間的聯結，平均來說也比脊椎動物的腦細胞更密集，如此便不需要多餘的訊息轉發單元。

遙遠星球上的超白蟻文明

如果我成功地說服你，接受古代曾經出現過高智商昆蟲的可能性，那現在就讓我根據今日對白蟻的認識去推想，在另一顆與地球環境相似的星球上，存在著怎樣的白蟻文明。牠們的體型稍大，具有和人類相當的智商，還有其道德和美學觀。當然，這是科幻小說的情節，但和多數小說不同的是，這完全基於已知的科學知識。

試想一個猶如吸血鬼的物種，牠們迴避日光，要是曝曬在太陽下，便會迅速地死去。這些白蟻只有在必要的時候，才會在晚上出來覓食。牠們喜愛闃黑暗夜以及潮濕悶熱的環境，以腐爛的蔬菜為主食，有些也會在花園裡的腐爛植物上種些蕈類來吃。就和地球上的一些社會性昆蟲一樣，在這顆星球上，也只有蟻王和蟻后才能夠繁衍後代。蟻后的腹部因為偌大的卵巢而腫脹，整天就待在寢宮裡，除了吃之外，幾乎什麼也不作。她不斷地產下成串的卵，偶爾會和身旁嬌小的蟻王交配。在蟻后的寢宮裡，成千上百的工蟻，好比人類世界的神父和修女，棄絕性欲，無私地奉獻出生命，養育自己的兄弟姐妹。少數長成蟻王和蟻后的幼蟲會離開蟻巢，尋找自己的伴侶，另外打造一個新的蟻巢王國。在這個超白蟻文明中，工蟻還有其他任務，要負責教育、科學與文化等活動。另外還有不少居民是兵蟻，牠們肌肉發達，長著一副大顎以及能夠噴出毒液的腺體，隨時處於備戰狀態，能夠即時參與長期以來蟻巢間不時爆發的戰鬥。

白蟻的生活極其簡單，任何違法亂紀的行為，不論是蓄意私自繁衍，還是攻擊同伴，都處以死刑。死亡的工蟻，不論死因為何，屍體皆被分食處理，生病或受傷的工蟻也逃不掉被吃的命運。他們幾乎完全靠費洛蒙來溝通，散布全身上下的腺體會釋放出帶有不同口味和氣味的分泌物，其功能就如同人類的咽喉和嘴所發出聲音一樣。

就拿納博可夫著名小說《羅麗塔》開頭那句話來說：「羅—麗—塔：舌尖順著上顎下滑，在齒間輕彈三下。」想像一下，這要如何用費洛蒙表現？可能是以不同的組合或不同的順序，也許從沿著體側的腺體開口分成三個階段釋放出費洛蒙。費洛蒙音樂，如果翻譯成聲音，在我們聽來也許很美，可以展現出優美旋律、精彩樂段、節奏以及強弱，要是由超白蟻樂團來演出，肯定是首精彩絕倫的交響樂。而這一切都必須透過氣味來感受。

由此可以看出，超白蟻文化和我們截然不同，兩者之間幾乎無法翻譯。這個物種自然會發展出其獨特的「白蟻精神」，就像我們的人文精神一樣。然而，兩者的科學發展卻可能非常相似，白蟻世界的科學原理和數學應該可以套用到我們的科學中。超白蟻的科技可能也很先進，而且演進方式勢必與我們雷同。這就是科學的普世性。

我想我們並不會喜歡這些超白蟻或是其他任何的外星智能，他們恐怕也不會喜歡我們。雙方都認為彼此不僅感受不同、想法不同，連道德觀也會引發彼此反感。話雖如此，我們還是可以分享科學知識，創造出共同利益。哦，趁我忘記之前，我得提醒你，可不要真的去幻想另一顆星球上的文明，或是那裡的動植物相。事實上，我的外星白蟻故事，除了文化部分是我自己杜撰的，其餘皆是根據真蟻真事改編，全部都是我從非洲的堤壩白蟻身上看到的。

類似的奇觀正等著你來發掘，揭露無所不在的科學知識，其中充滿近乎無限的驚奇。

第十六信
尋找新世界

要取得重大的科學發現，不僅要博學，還要有慎思明辨的能力，也就是說，除了廣泛認識研究主題，還要判斷其中有何缺漏，若能好好發掘長期遭到忽視的部分，或許可以找到重大突破的絕佳機會。提出一個能夠找到正確答案的問題，就等於是提出一個優於常人的好問題。作研究時，偶然會有些意外發現，可以解答先前沒有人關心的問題。如果想找出前人不曾注意的問題，同時提出相當接近卻沒有人想到的解答，得要充分發揮想像力才行，這正是最具原創性的科學方法。因此，要特別留意怪異的現象、微小的偏差，或是一些乍看之下似乎微不足道的情況，詳加檢查後，可能會發現其重要性。在瀏覽手邊所有資訊時，好好地思索一下，善用你所碰到的種種困惑與謎團。

其他學科在忙什麼

行文至此，我的重點多半集中在生物學，這主要因為我是生物學家，但我在此要特別強調，其他科學領域也有同樣的重大發現。長久以來，我經常和數學家與化學家合作，對這些領域的科學發現過程也略知一二，他們稱之為「啟發」，與生物學十分類似，我在第四信中曾經談過這個概念。

以有機化學來說，這門學科是在探索自然界裡所有可能出現的分子，其範圍可說是無止境的，除了各種化學性質之外，後續還要探究物理性質以及組合性質。以烴類最基本的甲烷分子來說，隨著碳元素數量增加，會變成乙烷、丙烷、丁烷等鍊狀分子，還可以用雙鍵或三鍵聯結；若再加上硫、氮、氧、羥基等自由基，漸次形成鍊狀、環狀、螺旋或疊合的分子。分子的「種」數隨著分子量增加，迅速攀昇，其速度比指數增長還快。在二〇一二年時，已知的有機化合物有四百萬種，每年可以再分析出十萬多種，相較之下，遠高於生物界已知的一百九十萬種，以及每年約增列一萬八千個新種的速度。

有機化學以及這個領域裡的天然物化學，主要是在研究分子的合成及性質。生物化學就是從這裡發展出來的，主要著重於生物體內的化學反應。幾乎所有的生命歷程和生物構造都來自於有機分子的交互作用。若將細胞看成一座迷你熱帶雨林，那麼生物化學家和分子生物學家便是裡面的探險者，他們想方設法找出內部的有機結構、種類和功能，並詳加描述。

天文學家的發現之旅也很相似。他們在近乎無限的時空中漫遊，尋找並描述星系和恆星系統，描述星球之間和星球之內的物質能量形式。粒子物理學的發展也宛如一場進入未知領域的探險，只不過尋找的目標是物質與能量的最基本單元而已。

科學的尺度，橫跨三十五個數量級，從次原子粒子一直延伸到整個宇宙，統馭著人類對現實定律的想像。即使我們所能思考的事物多半侷限在生物圈內，這裡頭值得冒險探索的科學研究已然永無止境。地球這顆行星的表面，沒有一處不受到生命的影響，就算在海平面以上最高的聖母峰，也有細菌和真菌等微生物的存在。熱氣流會把昆蟲和蜘蛛吹上山，成為跳蟲和跳蛛等不少昆蟲的獵物，如此牠們便能生存在接近山頂的斜坡上。在海平面的另一側，西太平洋下深達一萬一千多公尺的馬里亞納海溝底部，細菌和真菌等微生物也發育興盛，其中還有魚類和品種多得驚人的單細胞有孔蟲生物群。

生物寶庫

照理說，地球上應該有個區域的生物種類最多，可能就出現在南美洲厄瓜多共和國的亞蘇尼國家公園中，這裡是壯觀的熱帶雨林區，夾在納波河和庫拉賴河之間，被譽為是地球上生物最豐富的地方。更準確地說，在這片占地九千八百二十三平方公里的土地上，棲息的動植物物種超過其他任何一塊相同面積的區域。目前的物種名錄也顯示出同樣的結論：在整個園區中，記錄到五百九十六種鳥類、一百五十種兩棲動物（超過整個北美洲的數量）、十萬多種昆蟲，而且在園內高地上平均每公頃面積就有六百五十五種樹，光是這個數量，就超越整個北美洲。亞蘇尼國家公園的生物多樣性排名絕對是名列前茅，世界上沒有其他地方可以與其媲美。唯一會威脅亞蘇尼生物多樣性冠軍寶座的，只有一些在亞馬遜和奧里諾科河盆地中尚未經過完整探勘的區域。

我之所以提起這個地方，除了它豐富的生物多樣性之外，還有另一個原因，而且大多數的生物學家都還沒有注意到。亞蘇尼國家公園可能是有史以來孕育過最多物種的地方，從五億四千四百萬年前的古生代以來，全球的動植物物種數量一直以十分緩慢的速度攀昇。距今六萬年前，當智人在非洲出現並且向全球擴散的時刻，很可能是地球生物多樣性最豐富的時代。接下來，則是一次又一次的滅絕，人類活動也開始造成物種數量下降，今日的滅絕速度更快了。目前看來，亞蘇尼彷彿獨立於人世之外，這就是它特別受到重視的原因。我們對亞蘇尼的動物所知甚少，尤其是昆蟲，幾乎一無所知。希望在人類伸出貪婪之手染指這塊樂土以前，能夠在這裡和其他生物多樣性極高的類似地點進行全面調查測量，解開為何這些地方擁有高多樣性之謎。

仔細一點就會看見

南極的麥克默多乾谷則是與亞蘇尼完全相反的地方，那裡了無生氣，就跟火星表面差不多，但這種特殊的貧瘠環境，也值得一探究竟。若只是隨意看看，可能會覺得這塊土地似乎跟殺菌處理過的培養皿一樣，什麼生物都沒有，然而實際上這裡依舊有生命存在，而且是地表極冰生態系中最簡單、最頑強的一群生物。麥克默多乾谷地區的氮濃度是地球上最低的，幾乎沒有水分，沒想到在那裡的土壤中，竟然發現有細菌存在。散落其間的岩石看似沒有任何生命蹤跡，但仔細一看，會發現地衣居住在剝蝕形成的狹小裂縫中，這是一群和綠藻共生的微小真菌，牠們在岩石表面兩毫米下形成一片生物層。此外，還有一群岩生微生物，包括能行光合作用的細菌。

麥克默多乾谷裡散布著冰凍的河流和湖泊，能提供周圍土壤少量水分。水滴和水膜等流動的水中也棲息著少許動物，牠們的體型非常小，幾乎要靠顯微鏡才能看得到，其中還有先前提過在紐約市發現的水熊蟲、輪蟲，以及數量最多的線蟲。雖然肉眼幾乎看不見，線蟲堪稱是這片土地上的老虎，位於這個類火星食物鏈的頂端，而牠們的「羚羊」就是土壤中的細菌；在某些地方也可見到稀有的蟎和相當原始的跳蟲。在南極所有棲地中，一共發現六十七種昆蟲，但只有少數是行自營生活的，絕大多數都寄生在鳥類和哺乳動物溫暖的毛皮中。

在我動筆之際，地球上許多地方的生物探索才正要開始。在海洋深處，光不可及的黑暗深淵中，有許多高聳的洋脊，穿梭縱橫於海底谷地和廣袤的平原間，這些都是未知的新世界。許多山頭冒出海面，成為海島和群島，有些離海面很接近，但仍淹沒於水中。海裡也有山，山峰上覆蓋了海洋生物，有很多都是別處找不到的特有種。目前尚不確定海山的確切數目，估計多達十幾萬座。看來，人類對自己居住的星球真的認識不多，貧乏得很！海洋占了地球表面的百分之七十，其下藏匿著無數失落的世界，若要完整探勘，需要學界通力合作，歷經好幾世代的探險。

我們對地球上的生命所知甚少，有數不清的研究可作，即使你足不出戶，也可當個室內型的科學探險家。地球生物多樣性調查的工作才剛剛開始，計畫要完成從分子、個體到生態區位等各種層級的調查。附表是世界各地各分類群中已知和未知的物種數，這正是我認為人類仍不了解地球這顆星球的原因。表中資料來自澳洲政府在二〇〇九年執行的全球調查。

根據二〇〇九年的資料來估計，目前（二〇一三年）人類已經發現、描述，並給予正式拉丁學名的物種總數約為一百九十萬，但實際的物種數

2009 年生物統計	已知物種數	估計總物種數
植物	298,000	391,000
真菌	99,000	1,500,000
昆蟲	1,000,000	5,000,000
蜘蛛和蛛形綱動物	102,000	600,000
軟體動物	85,000	200,000
線蟲（圓蟲）	25,000	500,000
哺乳動物	5,487	5,500
鳥類	9,990	10,000
兩棲類（蛙等）	6,500	15,000
魚	31,000	40,000
合計	1,661,977	8,261,500

量，包含已發現和尚待發現的，可能超過千萬。要是再加上細菌和古菌這群我們最不熟悉的單細胞生物，數字可能飆昇到一億。有人估計過，五千公斤的肥沃土壤中就含有三百萬個物種，而且我們幾乎都不認識。

為什麼在細菌和古菌界的探索上，科學家並沒有取得太多進展？（古菌其實是一群重要的單細胞生物，但目前我們的認知有限，只知道牠們長得像細菌，但具有非常不同的ＤＮＡ組成）。其中一個原因是，目前對這些生物還沒有一個令人滿意的「物種」定義。另一個更棘手的原因是，不同種類的細菌和古菌，所需要的生長條件和養分也大不相同，微生物學家還不知道該如何培養大多數的細菌和古菌，因此沒有辦法產生足夠數量進行科學研究。所幸，隨著ＤＮＡ定序技術的進展，目前只需要少數細胞便能定出遺傳密碼，如此一來，探索物種多樣性的速度勢必也會大幅提昇。

我之所以列出這些生物多樣性的龐大數據，並不是要建議你將來從事分類學研究，雖然就目前和未來幾年的趨勢來看，這倒是一個不錯的選項。我其實只是想用這些數字來強調，我們對這顆星球的生命真的認識不多。而物種不過是從分子到生態系這整個多層架構中的一個層級，這樣一想，就會發現投入生物學以及其他一切和生物學相關的物理、化學的研究工作，真的是大有可為。

連物種層級的多樣性都認識得那麼少，更不用說是物種的生活史、生理學和生態區位了。即使有些通才型的生物學家願意投注大量心力去研究少數地點的生物多樣性，我們還是不知道，差異如此之大的各類物種，究竟是如何組合成環環相扣的生態系？花幾分鐘想想下列這些問題：池塘、山巔、沙漠和雨林是如何運作的？是什麼維繫住整個系統？這些系統在怎樣的壓力下會崩解？崩解過程如何？又是基於什麼原因？事實上，目前有許多生態系正在崩壞，人類在地球上永續生存的關鍵，就取決於我們能否找到這些和其他許多相關問題的答案。時間越來越急迫，需要更多科學研究，各學科都需要更多的人才投入。現在我要重申一遍在前言中說過的話：「這世界非常非常需要你。」

第十七信
理論建構

要解釋科學理論的性質，我認為最好的方式是以實際的範例來說明整個理論建構的過程，而不是泛泛空談。由於科學活動的這個部分多半來自創意，以及個人獨特的心智運作，鮮少能化為文字記載下來，所以我將用兩個親身參與經歷的故事，盡量以實際狀況來向你說明一切。

感官世界

第一個例子是「化學溝通理論」。在目前已知的物種裡頭，只有少數生物使用視覺和聽覺溝通，主要是人類、鳥類、蝴蝶和珊瑚礁魚類；絕大多數動植物和微生物都靠著嗅覺和味覺溝通，這種方式必須使用到費洛蒙這種化學物質。

在一九五〇年代研究螞蟻時，我注意到一些現象，高度社會化的昆蟲會從身體各部位釋放出許多種物質，讓牠們能夠執行動物界中最複雜、最精確的訊息傳遞。這方面的研究日益增加，大量新資料紛紛出爐，我們這批最早開始研究的學者，覺得有必要整理這些片片段段的零散知識，以便通盤了解它們的意涵。簡而言之，我們需要一個化學溝通的理論。

在決定建構理論的初期，我很幸運地擔任威廉．波賽特[44]的博士論文共同指導教授，他的研究主題是理論生物學，同時也是一位傑出的數學家。在一九六三年拿到學位後，旋即獲得哈佛聘任，過不了多久就拿到應用數學系的終身教授職位。在他還是研究生的時候，我們一起建立起費洛蒙溝通理論，那個時機正好，我們的努力大獲成功。在我的科學生涯中，從來沒有這麼順利過，我和波賽特的合作，很快就開花結果。

在開始這個新題目時，我將所知的一切告訴他，解釋了所有我知道的化學溝通的基本性質。在這個早期階段我們的資料有限，我告訴他，從野外和實驗室研究，我們得知螞蟻世界中存在著各式各樣的費洛蒙，在我看來最合乎邏輯的方式，是先從已知的那些費洛蒙著手，進行功能分類，然後再想辦法了解每一種的特性。我們想要建構的理論，不僅要能夠解釋多數研究者想了解的費洛蒙分子形態和功能，也想要探究其演化關係。簡單地說，我們不只想要弄清楚費洛蒙到底是什麼物質，以及其運作方式，還想要知道「生物為何演化成使用這幾種分子，而不是用其他的分子來溝

44 威廉．波賽赫（William H. Bossert）目前任教於哈佛大學應用數學系，專精於數理生物學、族群增長電腦模擬、動物溝通分析、海洋漁業管理。

通」。

在說明這套理論之前，讓我先釐清「為何」這部分。我們希望這套理論能夠解釋下面這些問題：費洛蒙分子這類物質，是擔負溝通任務的最佳選擇，還是只是在演化過程中，從有限的組合中隨機產生的結果？要是能夠見到它們分散在空氣中的狀況，費洛蒙所傳達的訊息「看起來」會像什麼？在每一則訊息中，動物是會大量釋放費洛蒙，還是只有一點點？費洛蒙分子在空氣或水中會傳播得多快？多遠？為什麼會是那樣的速度呢？下面就是這個理論的簡扼要點：

每一種費洛蒙訊息都是經過天擇作用汰選出來的。也就是說，這是世代相傳的突變，在經過環境考驗與淘汰之後保留下來，最有效率的訊息傳遞形式。

讓我們假設有個蟻群，剛開始時有兩個相互競爭的蟻巢。其中一個蟻巢先產生了一種分子，並且以某種方式傳播訊息，另一個蟻巢則產生了另一種訊息分子，但是功效較差，或是傳播效率較低，或是兩種缺點兼而有之。第一個蟻巢的表現比第二個好，因此能產生更多後代，建立其他蟻巢。最後在整個蟻群中，第一個蟻巢的後代會逐漸取得優勢，費洛蒙分子或是其使用方式就是這樣演化來的。

波賽特和我都覺得可以將螞蟻和其他使用費洛蒙的生物想像成「工程師」，這種想法很快就指引我們想到，螞蟻會打造出一條「小徑」來呼朋引伴。下次野餐時（或是在你家廚房的地板上，若房子裡有螞蟻的話），不妨丟一塊蛋糕碎屑看看會有什麼事發生。可以很合理地假設，出巢探勘的螞蟻在發現食物之後，會一點一滴地造出一條費洛蒙小徑，以免一下就耗盡體內所儲存的這種物質。這塊蛋糕可能離巢很遠，就這點來看，螞蟻好比是專門用來跑長途的汽車引擎。

要達到這樣的效能，費洛蒙在理論上必須具有強烈的氣味，才能讓尾隨而來的其他螞蟻辨識蹤跡，只有少數幾種分子符合這樣的條件。此外，費洛蒙必須具有物種專一性，才夠隱密——要是其他蟻巢的螞蟻也能夠發現這條氣味小徑，對使用它的蟻巢來說可不是件好事。若是被蜥蜴或其他的食肉動物識破，一路尾隨而去，甚至可能會危及整個蟻巢。最後一個條件是，這道氣味小徑必須蒸發得很緩慢，好讓同伴能夠追蹤，而且有時間鋪設牠們自己的小徑。

全靠費洛蒙

另外還有一種物質，用來傳遞警告訊息。當工蟻或其他社會性昆蟲遭到敵人攻擊，無論是在巢內還是巢外，牠都需要能夠大聲「喊叫」，好讓其他成員快速反應。這類費洛蒙必須能迅速傳播，而且還能傳送一段相當遠的距離，但也必須很快消散，不然即使是小小的擾動，要是太過頻繁的話，也會弄得整個巢「蟲心惶惶」，就像無法關掉的火災警報器一樣煩人。但是，和氣味小徑不同的是，用於警告訊息的物質不需具備私密性，可以讓敵人了解，前往一個警報大作進入備戰狀態的蟻巢，得不到多少好處。

現在，先讓我岔開話題，簡述一下接收警報費洛蒙的方法，這其實很簡單，任何人都可以自己動手試試看。首先，用手帕或其他柔軟的布，從花叢裡抓隻蜜蜂。輕輕搓揉，蜜蜂便會螫刺這塊布。由於蜂刺有倒鉤，將牠移開後，就會看到有刺留在布上，而且少許內部器官會被拉出來。用手指揑碎刺和這些器官，這時會聞到一股類似香蕉的味道，這是醋酸乙烯酯和醇的混合物，來自於蜂刺側邊的小腺體。這些物質便是警報訊號，會引來其他蜜蜂「蜂擁而至」，群起攻擊。接著，如果那隻殘缺的蜜蜂還沒飛走，那就壓碎牠的頭，聞聞那個氣味，這時你應該會聞到一股刺鼻的味道，這是第二種警報物質乙庚酮，是由大顎底部的腺體釋放出來的（不要因為殺了蜜蜂而覺得內疚。工蜂的壽命只有一個月左右，而且只是蜂巢中成千上萬隻蜜蜂的一員。蜂巢基本上可說是不朽的，因為定期會有新的女王蜂建造新的蜂巢，取代舊的）。

接下來，我們再看看另一種費洛蒙，其用途在於「引誘」。特別是「性費洛蒙」，這是雌性為了交配所用來吸引雄性的物質。性費洛蒙十分普遍，不限於社會性昆蟲，放眼整個動物界都可見到這種物質，其中最強力的物質要屬雌蛾的性費洛蒙，可吸引到逆風處一公里外的雄蛾。植物還會釋放另一些引誘劑，以便吸引蝴蝶、蜜蜂和其他授粉昆蟲。

最後，波賽特和我推測，在我們最初的分組中，應該還有一類用來識別身分的物質。螞蟻聞到這類物質時，可以區分對方是否來自同一巢穴，這也可以用來識別兵蟻、工蟻、蟻后、卵、蛹或不同階段的幼蟲。隨身配戴這種化學徽章，就像是把費洛蒙當成第二層皮膚。這種識別費洛蒙可能是單一物質，但更可能是混合物，它必需蒸發得很緩慢，並且只有在非常近的範圍內才能偵測到。如果你仔細觀察螞蟻或其他社會性昆蟲相互接近時的行為，譬如在同一條覓食路徑或回巢的路上相遇，你會看到兩隻蟲用牠們的一對觸角迅速掃過彼此的身體，其動作之快，肉眼幾乎察覺不到。牠們是在檢查彼此身體的氣味，若帶有同樣的氣味，雙方就會擦身而過，若是氣味不同，可能會打起來，或是倉皇而逃。

數學家登場

研究進行到這一步，波賽特和我跨出了這套「適應性工程」的演化生物學思維，準備進入到生物物理學的範疇。我們必須盡量準確地設想出，費洛蒙分子如何從動物體內擴散出來？一股費洛蒙釋放出來後，會漸漸往四周擴散，濃度會不斷降低，也就是說每單位空間的分子數量會越來越少，到最後會少到聞不到或是嚐不出來。根據這一點，波賽特想到一個最為關鍵的概念——活性空間[45]，意思是在此空間範圍內的分子濃度是動植物或有機體足以偵測到的。他建構出一個模型來預測活性空間的形狀（終於，進入純數學的領域！）從這時候起，我們抵達了建構費洛蒙溝通理論的另一個階段。

螞蟻或者任何其他會釋放費洛蒙的有機體，若是在無風狀態下站在地

45 活性空間（active space）。

面靜止不動，活性空間的形狀會是一個半球體，釋放來源即位於半球切面的中心處。如果在葉子或其他懸掛在空中的東西上釋放費洛蒙，而且空氣有流動，這時活性空間的形狀會是一個往兩端變細的橢圓球體（大概就是橄欖球的形狀），釋放來源位於其中一個端點，往順風方向釋出費洛蒙。若是一條在地面平直延伸的氣味路徑，用了足量的費洛蒙，在經過很長一段時間後還可以偵測得到，這樣的活性空間就會是一個很長的半橢圓體，換言之，像是把一個很長的橢圓球體對半剖開之後，放在地面。

接下來，我們將注意力轉向分子本身的設計。我們推測用作路徑和識別氣味的物質，應該是由大分子所組成，再不然就是幾種大分子的混合物，這樣擴散的速度才會比較慢。相對於此，演化過程應該會選出小分子來當警報費洛蒙，這樣形成的活性空間較小，消散的時間也比較快。活性空間的性質取決於五個變數：此物質的擴散速率、周圍氣溫、風速、釋放費洛蒙的速率以及接收此物質的有機體的靈敏度。這些變數都可以測量，有了這些可測量的目標，理論開始成形，可以到野外，或在實驗室中研究動物的溝通行為。

然後，我們又短暫地離開生物物理學，進入天然物化學的領域，研究費洛蒙分子的性質。這和廣泛應用於醫藥、工業研究的化學相同，而且我們的運氣很好，那時候分子分析技術剛好有了重大進展，讓我們得以著手進行費洛蒙分析。在一九五〇年代後期，出現了氣相層析這項新技術，再加上質譜儀，就可以分析出微量物質，那怕原始樣本不到百萬分之一公克。以前的化學家需要千分之一公克的純物質，才能作到這件事，現在只需要千分之一的千分之一。有了這項技術，就能測量環境中的有毒污染物等各種微量物質，而新發展出的DNA定序技術更是讓整個鑑識學改頭換面（同樣也只需要一小滴血或酒杯上的痕跡）。

這對我們和其他研究人員來說，無疑是大好消息，或許可以靠著這些新技術來判斷昆蟲體內的費洛蒙究竟是何種物質。螞蟻的體重通常在一到十毫克之間，如果一種特定費洛蒙只占體重的千分之一，甚至是百萬分之一，研究人員還是有辦法分析出這類分子的一些特性。和我合作的化學家可以收集到成千上百的螞蟻，這不是多偉大的工程，只需要一把鏟子和一個桶子就好了，這算是研究螞蟻的一大優勢吧！如此便能夠一一分離出可能的費洛蒙。還可以取得足量的樣本進行生物檢測，也就是將這些樣本放入蟻巢，看看是否會引發如理論所預測的反應。

又一次挫敗

在研究費洛蒙的早期階段，我和我的生化學家朋友約翰．洛[46]決定要找出火蟻製造氣味路徑的物質，這個外來種當時在美國南方已造成嚴重的危害。我們認為若要取得足量的費洛蒙，應該要收集上萬隻甚至十幾萬隻火蟻，才能萃取出關鍵的物質，這似乎是可行的，因為每個火蟻巢約含有二十萬隻工蟻，而且我碰巧知道一個快速且有效的收集方式。這種外來的火蟻，源於南美洲的氾濫平原，牠們有一種獨特的方式來抵禦水患。當螞蟻察覺到蟻巢下方或附近出現洪水時，牠們會帶著卵、幼蟲和蛹爬到蟻巢表面，同時也將蟻后往上推。當洪水上漲，淹到蟻巢時，工蟻會用身體組合成一艘筏，如此整個蟻群便能安全地順水漂流。當這艘火蟻筏接觸到陸地，隨即解體，開始挖一個新巢。

我想，要是我們挖出一整團包著火蟻巢的土塊，直接丟進附近的水池中，那麼蟻群應該會浮上水面，形成一艘火蟻筏，我們就可以趁機撈到一大群，而泥土和殘渣則會沈到水底。我們在佛羅里達州傑克森鎮外的路邊嘗試這個方法，結果，成功了！我們帶回分析所需的十萬隻工蟻（當然不是一隻隻地算，只是粗略估計而已），我的手上到處都是憤怒螞蟻的螫痕，又癢又痛。

回到哈佛大學裡約翰的實驗室之後，我們著手尋找火蟻路徑費洛蒙的實驗，剛開始進行很順利，看來關鍵物質似乎是萜類這種相對簡單的分子，而且應該可以解析出完整的分子結構，但接下來卻是一連串的挫折和

46 約翰・洛（John Law）。

謎團。

當化學家試圖純化出內含的物質，以便明確判斷其特性的時候，我們則在實驗室測試火蟻對每一條人造氣味小徑的反應，沒想到牠們對這些應該含有費洛蒙的物質，沒有多大的反應，難道費洛蒙是一種不穩定的化合物？確實有這個可能，我們認為這個物質無法以當時的設備和材料萃取出來，於是我們決定放棄整個研究計畫。為了避免他人重蹈覆轍，我們把整個過程投稿到《自然》這份國際知名的學術期刊上，這份報告是少數幾篇實驗失敗還被刊登出來的文章。

多年後，在佛羅里達研究火蟻費洛蒙的天然物化學家羅伯特·范德·米爾[47]找到了我們失敗的原因。他發現組成氣味小徑的物質其實不止一種費洛蒙，而是多種費洛蒙的混合物，全都由尾部的刺釋放到地面上。其中一種吸引小徑上的伙伴，另一種刺激牠們活動，還有一種是引導牠們通過不斷揮發的化學物質所構成的活性空間。在野外和實驗室，要引發火蟻的全面反應，上述三種物質缺一不可。當初我們作實驗時，壓根沒想到會有這層複雜關係，只顧著一種一種地測試，因此失敗。

逐步進逼

在一九六〇和七〇年代，費洛蒙的研究蓬勃發展起來，成為化學生態學門中的新興重要領域，研究人員解出蟻巢和蜂巢所用費洛蒙密碼組合的正確率大幅提昇。事實證明我們的理論全然正確，這一切的工程都是由天擇打造出來的。然而，我們只處理了生物學的面向，以及獨立的天擇事件，因此這其中的相關性僅是約略符合。目前還是發現了幾個怪異的特例，有待進一步的理論解釋和實驗檢測。

從此，我們對生態系以及其中的動植物、真菌和微生物的複雜相互

47 羅伯特・范德・米爾（Robert K. Vander Meer）目前任職於美國聯邦政府農業部農業研究院，佛羅里達大學昆蟲與線蟲學系客座教授。

作用有了全新的看法，而生態研究的理論也隨之調整。那時候我們開始明白，還有一個人類完全看不見也聽不到的世界存在，一個全然不同的感官世界，那裡使用的信號存在於空氣中、在地面上、在土壤中甚至是水池裡。那個世界是由氣味和口感縱橫交錯組成，用一種我們聽聞不到的語言作為交流、威脅或召喚的訊息：

靠近時，你可以檢查我，我是這個蟻巢的一分子。

我發現敵方的探子，快點跟上我！

我是植物，今晚開花了，我在這裡等你來作客，好好到我家享用一頓花粉和花蜜大餐。

我是雌的天蠶蛾，如果你是雄蛾，請循著這道氣味逆風而上，到我這裡來。

我是雄的美洲虎，獨自待在自己的領土內，如果你聞到這種氣味，表示你已經非法侵入，所以請你離開，現在就給我滾出去！

透過科學和技術，我們得以進入這個世界，但也才剛剛開始探索。只有在更加認識這個世界之後，才能獲得所需要的知識，了解生態系如何組成，然後才能知道我們該如何保存它們。

現在我希望你對理論的形成與運作有了一定的概念。理論的建構過程可能很混亂，但其最終產物會是真實而美麗的。以前面舉出的化學溝通理論為例，隨著各種資料不斷積累，我們夢想著要破解一切化學密碼。發現一個現象後，我們提出假設去解釋它的運作和來源，接著想辦法檢驗種種假設。在東拼西湊各種資訊時，尋找其中是否有固定的模式，就像拼圖一樣。如果真的讓我們找到這樣的模式，這就成了堪用的理論，可以用來發想新的研究題目，推動整個主題研究。如果這條路線進展不佳，還發現理論與新事實相抵觸，那我們就會調整它；如果真的很糟糕，可能就直接拋棄這個理論，重新建構一個新的。這樣的過程，每發生一次，科學就越接近真相，有時很快，有時很慢，但總是越來越靠近。

第十八信
宏觀生物理論

接下來，我想以生物地理學為例，說明理論的發展過程。這門學科主要是探討動植物的分布方式，就其全球性的時空尺度來看，堪稱是生物學中集大成的終極學科，就如同物理學中的天文學一樣。在建構世界各地的物種分布圖時，若能再進一步研究物種遷徙與散播的機制，等於是將生物地理學提昇到另一個嶄新的層級；至少，這是我十幾歲讀大學時的想法。我覺得自己從描述性的自然史研究一路走到演化過程研究，逐漸明白應該考慮的問題是：什麼事件導致生物多樣性出現？又是什麼樣的歷程造成今日的物種分布狀態？書本上的知識告訴我，凡此種種都不是隨機出現的，這兩個大問題都可由明確的因果關係來解釋。我很早就全心全意投入自然史領域，期望成為昆蟲專家，或者政府雇用的昆蟲學者、國家公園巡守員、教師。現在我非常欣慰，我也可以當個真正的科學家！

現代綜合理論

第一個啟發我的是演化的「現代綜合理論」，這個理論主要建構於一九三〇和四〇年代，它將達爾文原本以天擇說為主的演化論，與現代更為先進的學科相結合，加入了不斷發展的分類學、遺傳學、細胞學、古生物學與生態學。恩斯特．邁爾[48]在一九四二年發表的巨著《系統與物種的起源》，至今仍讓我記憶猶新，讀到這本書的時候，我立即將它應用在我的分類學研究上，進行系統性的生物分類。如果你喜歡鑽研寶石或葡萄酒等特定主題，要是突然找到一套理論似乎能夠解釋所見的一切，一定能夠明白我在發現這理論時的感動與興奮。

在哈佛讀博士的時候，我又找到了一篇關於生物地理學理論的傑作，它先前卻未曾受到科學家重視，這是威廉·迪勒·馬修[49]所寫的〈氣候與演化〉，發表在一九一五年的《紐約科學院年鑑》上，這份文獻提出了一整套世界各地哺乳動物的起源和分布架構。他寫道：

> 哺乳動物注定要稱霸世界，牠們起源於歐亞大陸的北溫帶，分布範圍遼闊，大約從今日的英國一直延伸到日本。牠們的競爭力優越，淘汰掉先前棲息於同一生態區位的主要古老生物族群。不過，先前的統治者並未完全滅絕，在哺乳類尚未入侵的地區，牠們仍然蓬勃發展

48 恩斯特·邁爾（Ernst Walter Mayr, 1904-2005）。

49 威廉·迪勒·馬修（William Diller Matthew, 1871-1930）著名脊椎動物古生物學者，曾任美國紐約自然史博物館的哺乳動物組組長。

著。若將北方大陸由歐洲、北亞到北美想成是車輪中心的輪軸，而南部的熱帶亞洲至非洲、澳洲以及中南美洲想成是車輪的輻條，那麼這些優勢物種便是起源於輪軸，透過輻條往南傳播。

撰寫此文時，馬修的理論似乎符合當時所有已知的事實。馬修繼續寫道：

為何北方的物種族群比較優越？因為牠們是在嚴苛的季節氣候中演化出來的，普遍具有適應變化的韌性和能力。這批新一代的勝出者，包括所有歐亞大陸和北美洲上我們所熟悉的動物：小鼠和大鼠所屬的鼠科、鹿科、牛科、黃鼠狼所屬的鼬科，當然還有人類所屬的人科。先前的優勢種群，目前僅出沒在南部的輻條上，主要是犀牛科、象科和人類以外的靈長類。

在馬修的時代，所有的證據似乎都支持這理論（雖然現在看來不見得如此），不論是對是錯，我認為這是有史以來第一個將生物研究放大到全球尺度的理論，將生物學的時空尺度拓展到極限，這就是自然史的科學研究，是我選擇的主題！

一九四八年，哈佛大學比較動物學博物館的昆蟲組組長菲利普·達林頓[50]（我就是從他手中接下昆蟲組組長的位子）提出了爬蟲類、兩棲類和淡水魚類的版本，那是一個截然不同的故事，但是和馬修的哺乳動物版本同樣宏大。他認為這些冷血脊椎動物和馬修所討論的溫血哺乳動物有著不同的起源，並不是在北溫帶出現，而是在曾經覆蓋著大片熱帶雨林和草原的歐洲、非洲北部和亞洲一帶，然後往外擴展，向南延伸到大陸邊緣，往北擴展到北溫帶區，物種多樣性一路上隨之降低。新一代的化石研究也證明了，人類並不是起源於歐亞大陸，而是在非洲熱帶莽原。

50 菲利普·達林頓（Philip J. Darlington, 1904-1983）。

達林頓對我的影響，可以說要比馬修來得大，但我認為馬修的論點在某個重要的面向上是正確的。在全世界廣大的土地上，儘管生態條件迥異，但確實存在著「優勢種的全球分布模式」。

世界大陸理論

接著又有人提出同樣宏大的「世界大陸動物相理論」，其論點也支持馬修和達林頓所發展的整體架構。幾千萬年來，南美洲和北美洲之間逐漸被廣闊的海面所分離，即今日的巴拿馬地峽。這個海域接通了太平洋和加勒比海，將南北兩大塊陸地隔開。哺乳動物中，除了蝙蝠之外，都無法橫越這片廣大海域。因此，南美洲和北美洲的哺乳類便獨自演化。但不論是在外觀上，還是在棲地的區位選擇上，這兩洲的動物群都有雷同之處。在北美洲演化出馬，在南美洲則有和馬相似的長頸駝（已滅絕的滑距骨目）；北美洲有犀牛和河馬，在南美洲則有箭齒獸和貘；北美洲有大象，在南美洲則有相對應的閃獸目輪齒獸和焦獸目；其他如鼬鼱、黃鼠狼、貓和狗等動物多多少少也可以在南美洲的古鬣狗科中找到相對應的物種；北美洲駭人的劍齒虎，在南美洲也有相對應的物種，牠們的外觀極盡雷同，但依舊有著關鍵的差異——北美洲劍齒虎是胎生動物（整個發育過程，胎兒都是在母體的子宮內），而南美洲的則是有袋動物（胎兒是在體外的育兒袋中發育）。

南、北美洲動物相的趨同演化，是當今世上規模最大的。想像一下，要是可以作時光旅遊，回到千萬年前的南美洲，穿越整個莽原，就像今日在東非野生動物園旅遊的情景一樣：

假設我們回到過去，來到湖邊某處，凌晨時分，天空晴朗，隨著太陽昇起，漸漸地我們看到整個地平線。那裡的植被看來跟現在的熱帶莽原差不多，像犀牛樣的動物破水而入，牠的大肚子正滑過一片水生植物。岸上有隻長得很像黃鼠狼的動物正拖著長相怪異的老鼠往灌木叢走去，消失在樹叢裡。附近灌木叢的陰影下，有隻長得像貘的生物，一動也不動地盯著這一切。漫天鋪地的草叢中，突然衝出一隻像貓的動物，直奔一群馬。等等，這群動物其實不太像馬。牠們的嘴幾乎可以打開一百八十度，露出刀狀的犬齒。這群似馬非馬的動物非常恐慌，往四處逃竄。啊！有隻跌倒了……。

大約是在一萬年前，早在人類到達南美洲之前，這個遺世獨立的野生動物王國就已經消失了。相較之下，北美洲大部分與其相對應的動物卻一直存活著，直到大約一萬年前，技巧高超的獵人前來，在整個北美洲大肆獵捕，才有所改變。南、北美洲的動物相似乎原本都各自達到平衡，為何南美洲的走向滅亡，而北美洲的動物王國卻繼續茁壯？

兩者之間明顯的生存差異，引起了生物地理學家對於自然平衡問題的興趣：當兩個勢均力敵、旗鼓相當的王國正面衝突時，會出現怎樣的後果？倘若我們能像神一樣，可以跨越時空長期觀察，那麼執行這場實驗最理想的方式，應該是讓兩個與世隔絕的區域各自長滿適應輻射[51]的動植物，如此當中的主要物種會有相似的生態功能，接著再以陸橋連接這兩個地區，看看會發生什麼事。當這些生物交流之後，一地的生物是否會取代另一地的，讓整個地區演變成單一的動物相和植物相？

其實，在相對晚近的地質時代中，曾經出現過這樣大規模的實驗，可以透過化石和現生物種的比較，推演過去到底發生了什麼事。兩百五十萬年前，巴拿馬地峽浮出海平面，聯結了太平洋和加勒比海之間的海域，讓南美洲的哺乳動物有機會和北美與中美洲的混合，大陸間的物種可以彼此交流。

生物多樣性的變化，在「科」的分類層級上最容易量測。以哺乳類

51 適應輻射（adaptive radiation）是指某一族群，為了適應各區域不同的環境條件，因而不斷分化，演化出各種不同物種的現象，最常發生在群島地形中，當物種遷往環境條件不一樣的島上時，便會發生適應輻射。

為例，包含貓科、犬科、鼠科還有人科等。在交流之前，南美洲的哺乳動物共有三十二科，巴拿馬地峽連接後不久，增加到三十九科，隨後逐漸減少到目前的三十五科。北美洲動物相的變化也與此雷同，從交流前的三十科，增加到三十五科，最後又降低至三十三科。兩邊交流的科數大致相同。

自然平衡

綜合所有這些訊息後，該讓另一種理論上場了。當生物學家看到某種擾動造成數字的上昇與回落，無論是體溫、燒瓶中的細菌密度或是一塊大陸上的生物多樣性，他們會推測這樣的系統中存在一個平衡點。北美和南美洲的哺乳動物科數最後回復成原本的數量，便暗示著這種自然平衡的存在。

換句話說，多樣性似乎有上限，亦即兩個非常相似的主要群體不能共存於牠們各自達到完整輻射演化的環境。仔細對照這兩大洲的生態相似性，看看棲息於類似生態區位的物種在交流後的情況，所得到的結果更加支持這一結論。南美洲的大型貓科、有袋動物和小型有袋動物都被相同生態條件的胎生動物所取代。箭齒獸讓位給貘和鹿。當然還是有些高度特化的野生動物能夠堅持下去。食蟻獸、樹懶和猴子今天繼續在南美洲蓬勃發展，而犰狳不僅在整個美洲熱帶地區大量繁衍，還成為南美洲開疆拓土的代表，北上攻占了整個美國南部。

大致說來，在交流期間，生態條件相當的物種間，是以北美洲的生物占上風，若是以「屬」的數量來看，甚至連多樣性都提高了。屬內的物種比同一科的其他物種之間的演化關係更為相近。比方說犬屬中，包括家犬、狼和土狼，其他犬科的成員還有狐狸的狐屬、非洲野犬屬和藪犬屬。在交流期間，南、北美洲的屬數都大幅增加，之後也仍然維持著這樣的數量。在南美洲，原本的屬數約七十，到目前為止已經增加到一百七十。增長的數量主要卻來自於從北美洲移入的哺乳動物，牠們抵達南美後，便開始特化和輻射演化。較早存在於南美洲的古老生物，無論是留在南美的，還是抵達北美洲的，都未能達到顯著的多樣化。所以，目前西半球的哺乳動物整體上帶有強烈的北方色彩。在過去二百五十萬年間，南美洲有將近一半的科和屬，是從北美洲遷移過來的。

為什麼北方哺乳動物能夠勝出？沒有人知道確切的答案，因為這一切多半都封存在保存不甚完善的化石記錄中，這可說是古生物學家窮畢生之力想要解開的謎團吧！至於北方哺乳動物的問題，目前仍然懸而未決，其中很大一部分指向世代演替。演化生物學家會不由自主地回到這個問題上，就像有一晚，我在巴西亞馬遜河附近的迪莫納莊園露營，看著周遭源自世界各大陸的哺乳動物，心裡忍不住想，到底是什麼造成生物的演替和優勢種的出現？

演替在生物學中是演化的概念，最好的定義是，一個物種從誕生直到其所有後代滅絕為止的生存時間。以夏威夷蜜旋木雀為例，牠們的物種壽命是從祖先型雀類由其他物種演化出來的那一刻開始計算，包括牠們遷徙到夏威夷的時期，直到最後一隻鳥消失為止。

相較之下，優勢則是結合生態和演化的概念，最好的測量方法，是比較某物種和其他相關類群的相對豐度，以及對周遭生物的相對影響。一般來說，優勢類群的壽命可能比較長，牠們的族群因為夠大，在任何地方都不容易滅絕。個體數量越多，就越能擴展領地，進而增加族群數量，如此一來，族群所有成員同時滅絕的可能性就大幅降低。優勢群往往能夠搶在競爭對手之前占據地盤，如此可再降低物種滅絕的風險。

由於優勢類群散布得很廣，漫山遍海，往往會分化成多個物種，以適應不同的生存條件，因此優勢類群很容易發生適應輻射。高度分化的優勢群體，像是夏威夷蜜旋木雀與胎盤哺乳動物，平均而言會比單一物種更具緩衝能力。說穿了這純粹是機率問題，高度多樣化的群體更能平衡牠們的生存投資，因此比較有可能持續發展下去。若是其中一個物種滅絕了，會由另一個生活在不同生態區位的族群繼續傳宗接代下去。

最後，時間證明北美洲原生哺乳動物要比南美洲的更具優勢，而且物種分化的程度也比較高。歷經兩百多萬年的交流後，牠們為自己贏得一片天地。古生物學家想方設法企圖解釋這種不平衡，他們建構出一個符合大多數現象，而且比較接近演化生物學的理論；換句話說，是大致上能夠符合最多事實的理論。他們指出：

北美洲與南美洲的動物相並非各自獨立的，而且兩者之間也沒有截然不同的差異，牠們依舊是「世界大陸動物相」的一部分，是由歐亞大陸乃至於非洲的動物擴展到新世界的南北美洲。

世界大陸是迄今為止地球上出現過的兩大陸塊之一，在這塊土地上，已經試驗過許多條演化路線，培養出優秀的競爭對手，強化禦敵和抗病的能力。這樣的優勢讓演化出的物種在面對競爭時經常能夠勝出，或是以比較迂迴的方式贏得一席之地。比方說浣熊和成群結隊執行獵捕的野狗所採取的策略，很多都伺機進入先前已經被占據的生態區位，然後化整為零地迅速分散開來，占據整個地盤。這兩種策略都讓世界大陸的哺乳動物獲得優勢。

這個最初由馬修和達林頓構思出的宏大理論才剛剛開始接受檢驗，不論是對是錯，實證研究是否支持，光是能將古生物學以別出心裁的方法和生態學、遺傳學聯結起來，這樣的研究本身就是十分了不起的突破。這種綜合理論將隨著生物多樣性研究的進展，擴及到其他學科和其他層級的生物組織，跨越更長遠的時間尺度。若你對任何一種動植物感興趣，就可以加入這個行列，特別是若你喜歡探究各種世界的衝突，或是史詩般的故事。

第十九信
現實世界中的理論

也許你會覺得，在累積了那麼多的事實和理論之後，科學變得龐大而複雜，已成為難以入門的行業。也許你會擔心，多數研究和應用的機會早已被占據，剩下來的位子想必競爭更為激烈，而且絕大多數重要議題都已經被提出並解答。你要是這麼想，就大錯特錯了。

我這一代的研究人員和其他前輩確實完成了很多工作，但他們並沒有擋住你向前走的每條道路，也尚未探索完所有未知的世界。相反地，他們還為後人開闢了新的領域。在科學中，每個答案都會帶來更多問題，我個人對此深信不疑，而且我認為新問題的數量是呈指數型成長的，也就是說，每找到一個科學答案，就會發現多上幾倍的新問題。古往今來皆是如此，甚至早在牛頓對著陽光舉起棱鏡之前，早在達爾文思考加拉巴哥群島的海鳥變異之前。

牛頓的一句名言，很適合給未來的科學家參考：「如果我看得比別人遠，那是因為我站在巨人的肩膀上。」現在就讓我告訴你一個關於肩膀和巨人的故事。

這故事可以從好幾個地方切入，我決定從一九五九年十二月二十六日的美國科學促進會年會開始講起，那次年會在華盛頓特區召開，有個朋友把我介紹給羅伯特．麥克阿瑟[52]。那年麥克阿瑟才二十九，我則是三十歲，算是比較年輕的一輩，我倆都野心勃勃，想要尋找重大突破的機會。麥克阿瑟非常優秀，年紀輕輕就發表了幾篇原創性的研究，大家公認他是理論生態學界的明日之星。他是個狂熱的博物學家和鳥類專家，此外，他的數學能力也相當傑出（這點在我們的故事中很重要）。骨瘦嶙峋，面容嚴峻的他，隨時隨地都散發出一種強烈的訊息，彷彿是在發出警告：「笨蛋別接近我！」他不是那種會和人勾肩搭背、談笑風生的人，雖然我們合作過很長一段時間，但我從來沒有和麥克阿瑟成為親密的朋友。今天再回顧過去，我想我們從來沒有停止過暗自估量對方究竟有多大本事。

他在耶魯大學的導師喬治·伊夫林·哈欽森[53]是我這個故事中的第一個巨人，他將生態學引進演化生物學的現代綜合理論，指導過的學生都非常傑出。在他的帶領下，麥克阿瑟的成績斐然，將生物群落的競爭和繁殖率演化等複雜的生態過程，簡化成可以分析的數學式。十年後，在相對於

52 羅伯特·麥克阿瑟（Robert H. MacArthur, 1930-1972）出生於加拿大，當代著名的族群生態學家，曾任教於賓州大學及普林斯頓大學。為紀念其傑出成就，美國生態學會設有羅伯特·麥克阿瑟獎，每兩年一次頒贈給生態學領域的優秀研究者。

53 喬治·伊夫林·哈欽森（George Evelyn Hutchinson, 1903-1991）在英國出生並完成學業，赴美國耶魯大學任教四十三年，專長於淡水動物學，被譽為「美國湖沼學之父」。

其他人而言非常年輕的時候，我們倆同時獲選為美國國家科學院院士。一九七二年，麥克阿瑟正值創作高峰期，卻因腎癌辭世，科學界沒能等到他的未來，實在是個巨大的損失。

在一九六〇年代初期參加會議時，我們都看出生態學和演化生物學有潛力融合為一門學科，不論是理論發展，還是野外研究，其中充滿了創新的機會。結合生態學和演化學的想法，最初其實是由哈欽森提出的，不過我們還有另一個強烈動機，想要將其發揚光大。

在危機中找機會

到了一九六〇年代，分子和細胞生物學的革命正如火如荼地展開，二十世紀的下半葉顯然是他們的黃金年代，也可說是科學史上最巨大的轉型期。分子生物學和細胞生物學為生物學開創新局，帶來許多難能可貴的研究機會，學科本身也不斷進展，再加上這個領域和醫學有密切關聯，因而得到大量經費補助。我們沒有可以媲美分子和細胞生物學中DNA雙螺旋結構的東西，也無法直接聯結到物理和化學。麥克阿瑟和我當時心裡都很明白這個情勢，也預料到這將對科學界造成一些負面影響——分子與細胞生物學的茁壯會使我們所屬的生態學和演化生物學萎縮。

到一九六二年時，我們的頹勢稍有改觀，瑞秋・卡森[54]發表《寂靜的春天》，催生了現代環保運動，多少有助於生態相關計畫尋求經費補助，她這本書就像醫學之於分子生物學一樣，但仍處於萌芽階段。直到一九八○年代，保育生物學和生物多樣性研究等新興學科才陸續出現。

此外，除了族群遺傳學和一些非常抽象的生態學原理之外，我們幾乎沒有什麼原理式的概念，可以像那些發展成熟的自然科學一樣，能夠將

54 瑞秋・露意絲・卡森（Rachel Louise Carson, 1907-1964），美國海洋生物學家，其著作《寂靜的春天》（*Silent Spring*）討論農藥對生物的傷害，引發全世界關注環境保護議題。

一切的生物學知識以簡潔適切的方式融會貫通。分子和細胞生物學家逐漸占據多數研究型大學的教職，個體生物學和族群生物學則乏人問津。在校方的判斷中，支持我們這樣過時的科系，根本不能指望有什麼成果出現。那時的生物學界毫不遲疑地傾斜，往物理和化學的方向倒去，並不是新生代的生物學家認為舊有的基礎不重要，而是因為他們希望能夠找到更好的研究機會，在那樣的局勢與時機中，他們自然而然決定投入分生領域的研究。當時，麥克阿瑟與我，還有其他年輕的生態學家也可以改走這條路，但這實在讓人難以抉擇。

當時，我是哈佛唯一拿到終身教職的年輕學者，但是處境日益艱辛，我所屬的學系後來還改名為「有機體和演化生物學系」[55]。系上其他年長和傑出的成員，不是埋首於澆灌個人的學術花園，就是孤傲地無視外界威脅，拒絕承認分子生物學鋪天蓋地而來這回事。

在這群不問世事的大老當中，最極端的例子要屬享譽盛名的喬治·蓋洛德·辛普森[56]，他正是我故事中的第二個巨人。他是古脊椎動物的世界權威，也是現代綜合理論的創造者之一，曾經構思出世界各地動物群演化和遷徙的絕佳模式。他離群索居的獨特生活也是一則傳奇，他來哈佛任教時年事已高，而且健康狀況不佳，前陣子才在亞馬遜被倒下的樹絆倒而瘸腿，因此一直都待在比較動物學博物館深處的辦公室裡獨自工作。有一天麥克阿瑟來生物系拜訪，我幫他約了辛普森會談，心想這可是一場跨世代的頂尖心靈交流。我帶著麥克阿瑟進入這位傳奇人物的辦公室，留下他們獨處，以免打擾他們談話（反正稍後應該可以從麥克阿瑟那裡打探到一切）。我回到辦公室繼續文書工作，不到十五分鐘，麥克阿瑟就出現在我門口：「他幾乎一句話都沒說，他根本拒絕開口。」

55 有機體和演化生物學系（Department of Organismic and Evolutionary Biology）。

56 喬治·蓋洛德·辛普森（George Gaylord Simpson, 1902-1984）美國古生物學家，研究主題為已滅絕的哺乳類，與牠們在大陸之間的遷徙行為，同時也是現代綜合理論的奠基者之一。

不過，在我看來，辛普森的沉默寡言，以及冷眼旁觀哈佛生物系內師資失衡的走向，其實在某種程度上催生了「演化生物學」一詞。一九六〇年時，生物系的生態和演化研究教師，在研究資源和經費上幾乎彈盡糧絕，在敵眾我寡的局勢下，大家決定成立一個委員會，來統籌我們的工作。第一次開會時，我很早就到了會議室，不久後辛普森也來了，就坐在我對面（依舊是沈默不語），等待其他的同事。

「我們該怎樣稱我們的主題？」我冒昧地開口。

「不知道。」他回答。

「真正的生物學聽來如何？」我繼續說，試圖展現一下自己的幽默，他則繼續沉默。

「完全有機體生物學？」還是沒反應。無所謂，反正這些名稱聽起來實在不怎麼樣。我停頓了一會兒，然後說：「你覺得演化生物學怎麼樣？」

「我覺得很好。」辛普森終於開口了，但也許只是要讓我閉嘴。

這時委員會的其他成員陸續進來，在討論完所有議題後，我趁機發言：「辛普森和我都認為『演化生物學』可以代表我們的整體研究主題。」我提出了剛剛靈機一動想到的名稱。

辛普森不發一語，所以我們這個小組就成了演化生物學委員會，後來這還成了學系的正式名稱：有機體與演化生物學系，這門學科的名稱就是這樣出現的，我還沒聽說過其他學校也有同樣名稱的系所。無論如何，至少是在這裡，讓演化生物學這名稱發揮最大的影響力，而且還是在最需要它的時候。

我們並不落伍

嫉妒和不安也是驅動科技創新的力量，所以若你也有這樣的傾向，請不用擔心，這不會造成什麼傷害。對麥克阿瑟和我來說，因為體認到我們現在的研究主題是演化生物學，更增強了建立一個新理論的欲望。在這門學科中，比較能夠量化的分支是族群生物學，是我們能夠和分子與細胞生物學抗衡的利器。我們需要將理論量化，明確檢驗各種由理論激發出來的想法，並且聯結現實世界中的現象。在我們過去的研究工作中，鮮少訂出這樣卓越的目標，該是聚精會神地追尋這些重點的時候了。

我對麥克阿瑟談起過去前往世界各地島嶼訪查的情形，以及如何將這些野外調查資料用於探討物種形成和生物地理分布的關聯。我看得出來，這龐大複雜的主題並沒有打動他，倒是我繪製的物種面積曲線圖讓他很感興趣。這些圖簡單顯示出島嶼面積（以平方英里或平方公里表示）和島上物種數量的關係，主要是西印度和西太平洋的群島，調查的物種以鳥類、植物、爬蟲類、兩棲類及螞蟻為主。從圖上可以清楚地看出，在群島環境中，各島嶼的面積和其上物種數量呈現比例關係，增加的幅度約是面積比例的四次方根。也就是說，若群島中的一座島嶼是另一座的十倍大，那這座島上的物種數量約是另一座的兩倍（十的四次方根約為一點七八）。我們也觀察到，離主島越遠的島嶼，其上的物種數量較近處的島嶼少。接著我談到了「平衡」，我認為其意義是近處和遠處島嶼之間達到「飽和」的狀態。

麥克阿瑟要我給他一點時間，好好想想這層關係。我相信他一定會有所斬獲，先前我見識過他在這方面的本事，能夠將複雜的系統簡化。

不久後，麥克阿瑟就寫了封信給我，提出下列的假設。

> 假設剛開始島上空無一物，隨著物種進駐，從其他島嶼移入的物種就會越來越少，因此遷入率降低。此外，由於島上占滿了物種，變得越來越擁擠，因此每個物種的平均族群量變小，這使得物種滅絕率上

昇。因此，當島上占滿物種時，物種遷入率下降，滅絕率上昇。在這兩條曲線交會處，就是物種滅絕率等於遷入率之處，也就是物種數量的平衡點。

他繼續寫道，島嶼面積越小，物種擁擠的問題會越嚴重，因此物種滅絕速率曲線的曲度較大。越遠的島嶼，移入的物種越少，移入曲線的曲度就比較緩和；而這兩種情況都會使得在達到平衡點時的物種數量較少。

一九六七年，麥克阿瑟和我動筆寫了《島嶼生物地理學理論》，將我們所能找到的相關數據，不論是來自生態學、族群遺傳學還是野生動物管理，都套入這個簡單的數學模型裡。這本書對相關學科的影響甚鉅，至今都還有相當的影響力，在往後數十年中，此書也發揮了作用，對於保育生物學這門新學科的創立居功厥偉。還記得我之前強烈建議你的「一號原則」嗎？這就是一個再好不過的範例：研究時盡量明確界定出問題，若有需要的話，選擇一兩個合作夥伴來解決這個問題。

最珍貴的聖杯——驗證平衡模型

即便如此，對於這樣的成果，我還是不甚滿意。縱然我們闡明了這其中的過程，但是要如何才能檢驗這樣的理論呢？我們所設想的平衡狀態可能需要數百年才會達成，要怎樣在古巴、波多黎各和西印度群島的其他島嶼進行這樣的實驗？沒有辦法。於是，我們轉向其他比較容易處理的系統。你可能還記得我在先前信中所提過的「五號原則」，即對應於每一個問題，都存在有一個適合解答的系統。在生物學中，這樣的系統通常是一特定物種的生物，例如大腸桿菌就適合用來解決分子遺傳學的問題。我開始往生物組織中較高層級的地方探尋，我需要一個理想的生態系。

我受到兩股強烈欲望所驅動，一來是我很想去島嶼上作研究，不管理由是什麼；二來是我希望在生物地理學中發展一些全新的題目。我想，要是我選對生態系，找到一個小到可以操縱的系統，也許兩個目標都可以達成。

然後，解答自己出現了——昆蟲，也就是我的專業。牠們的體型和早期生物地理學所研究的哺乳類、鳥類或其他脊椎動物相比，幾乎小到看不見。牠們的重量只有幾毫克，或者更輕，其他脊椎動物的體重則是以公克甚至是更大的單位來測量。在小島上，牠們為數甚多，可以在相對較短的時間內生存、繁殖好幾個世代。如此一來，就不需要像研究鳥類和哺乳類那樣，只能在像古巴、巴貝多和多明尼加這樣大小的島嶼進行研究，世界各地有成千上萬個面積不到一公頃的小島可以用。我想或許可以透過某種方式來改變昆蟲、蜘蛛和其他幾種無脊椎動物，如此便可測量牠們的移入率和滅絕率。再根據這些數據來設計許多種測試去驗證假設，評估這套理論本身，運氣好的話，或許又能發現新的現象。

新世界在我的想像中開展。我認為小島便是完美的模式生態系。現在我需要找出實驗地點，它必須是一群大小殊異、遠近不同的群島。這樣理想的微群島會在哪裡？我仔細掃視美國東部大西洋一帶和南部墨西哥灣沿岸的地圖，從緬因州陡峭的岩岸與波士頓港口一路看到卡羅萊納州、喬治治亞州、佛羅里達州和整個西部海灣外的島嶼，這些地方離哈佛約莫只有一天的路程。過沒多久，我就決定選擇佛羅里達群礁和佛羅里達灣眾多的熱帶島嶼作為實驗地點。

要進行能夠產生科學界所謂「可靠」結論的實驗，我必須先清空小島上的所有昆蟲，從零開始。我注意到佛羅里達群礁最外圍的乾龜群島，那裡經年累月遭受海浪拍打，除了末端的杰弗遜堡島之外，幾乎荒蕪一片，只有幾叢植被、少數幾種昆蟲與其他無脊椎動物。這麼簡單的環境有一個優勢，當颶風掃過，上面所有的生命都會被一掃而空。

一九六五年，我帶了一群研究生到乾龜群島探勘，記錄了幾座島嶼上所有植物的位置，以及找到的各種昆蟲和其他無脊椎動物等物種。等到一九六六年的颶風季節，在兩個颶風肆虐過乾龜群島之後，我們隨即回去勘查，果然小島幾乎完全裸露，找不到什麼植物和陸生動物。

最大的問題似乎已經解決了，但這時候我開始懷疑乾龜群島可能不是很好的選擇。我認為若要進行具有長久價值的高品質實驗，也就是別人可以方便重複驗證的，我需要一個更好的實驗室。我想要找更多的島嶼，而不只是乾龜群島。我需要找一個地方，能由我自己來搬遷物種，而不必依賴隨機的天候事件，最好還能夠有控制組，也就是找到另一個和實驗地點極為相似的島，除了移入動物之外，皆以相同的方式來處理。總之，我還需要更多生物，乾龜群島的動物群太少，生態系的壽命太短，動植物相經常因隨機事件而減少。我得找到干擾較少、動物相較複雜，並且具有典型自然生態系的島嶼。

在告訴你我如何達成目標前，先讓我岔開話題，再次提醒你先前所強調的重點：成功的研究並不取決於數學能力，甚至不需要精通整套理論，有很大的程度是取決於選出一個重要的問題，並找到方法來解決它，即使在初期階段不盡完美。很多時候，野心再加上開創精神就勝過聰明才智。

我一心一意要解決這個生物地理學的問題，也對於要研發新技術來克服這個挑戰興奮不已。最後我終於在佛羅里達灣找到一些長著紅樹林的小島，正是我所需要的，就在乾龜群島的北邊。海灣北端的小島為數眾多，真的是名符其實的萬島海。在十幾座島嶼上移除無脊椎動物，並不會對整個佛羅里達灣的紅樹林生態系造成太大的傷害，而且很快就會復原。

這時，我找來數學能力很強的研究生丹尼爾・辛伯洛夫[57]一同合作，又一次，我選對了合作夥伴。就像與麥克阿瑟一起工作一樣，辛伯洛夫的數學能力和我的自然史搭配得天衣無縫。從這時起，在面對未知挑戰時，我們比較像是並肩作戰的伙伴，而不是師生。就這樣我們循序漸進找出方法，可以在不破壞樹木和其他植物的情況下，移除紅樹林小島上所有無脊椎動物。我就不在這裡贅述諸多失敗的嘗試和錯誤的起頭，總之，後來我們想到一個簡單有效的撲殺方法——直接請殺蟲公司把整座島嶼用帳篷蓋起來，然後放藥薰蒸。這件事說來輕鬆，作起來可沒有那麼容易。我們組成一個團隊，必須想出如何在淺海區正確地搭建框架，確定合適的殺蟲劑

57 丹尼爾・辛伯洛夫（Daniel S. Simberloff）研究主題為入侵物種問題，目前任教於美國田納西大學生態與演化生物學系。

種類和用量。我們必須走在膠狀的淤泥中，還得說服工人：「漲潮時游過來的那些鯊魚是不會咬人的品種。」

此外，還有一項很重要的工作，為了要精確地鑑定物種，辛伯洛夫和我也得建立一個諮詢網絡，網羅各類無脊椎動物專家，包括甲蟲、蒼蠅、蛾類、樹蝨、蜘蛛和蜈蚣等。

對物種移入和滅絕的情況監測兩年之後，我們發現物種「重新拓殖」的狀況與平衡模型吻合，辛伯洛夫也利用部分工作成果完成了博士論文，這著實讓我鬆了一口氣。在觀察拓殖的過程中，我們學到了很多，我覺得這一趟從理論到實驗的冒險，是我整個科學生涯中，最讓我心滿意足的經歷。

我希望你在自己的職業生涯中，也能遇到這樣的機會，而且你也像辛伯洛夫和我一樣，敢於冒險嘗試、放手一搏。

第五書

真理和倫理

Truth and Ethics

第二十信
科學倫理

行文至此，我能給你的建議也差不多告終，最後我想告訴你，在研究和發表過程中，什麼樣的行為舉止才是合宜的。

在你的研究生涯中，不見得會直接面對該不該創造人造生物，或者是否繼續用黑猩猩作外科手術實驗這類涉及哲學的問題。你最可能需要作的道德決定，是在於如何與其他科學家相處。

努力開創固然是好事，但是除了要面對失敗的風險，也會帶來其他困境，迫使你進入競爭的舞臺，而你可能還沒作好上場的心理準備。你可能會發現自己選擇了和其他人相同的跑道，你會擔心他們的設備比你好，或是經費比你多，可能比你搶先抵達終點。每當有好幾個研究者同時踏進一個重要的新領域，剛開始通常都是令人興奮的合作黃金期，但在稍後的階段，隨著不同的研究團隊跟進，難免會產生競爭，或是遭人嫉妒。對你來說，要是成功的話，將會同時面對溫和與無情的競爭對手，會有一些流言，也有些不欲人知的祕密流傳開來。這沒什麼好大驚小怪的，就跟商業界一樣，競爭者都會努力在市場上痛宰對手，難道我們應該期望科學家有不同的作法嗎？

容我再提醒你一次，只有原創發現才算數，說得更直接一點，它們才是最重要的一切，是科學界的金銀島。因此，如何適當地劃分功勞，不僅是道義責任，也是資訊自由交流和維持整個科學界友好氣氛的關鍵。研究人員都期待自己的原創研究被認可，就算不是舉世皆知，至少也要在自己的領域中獲得名聲。我還沒遇過一位科學家不會因為昇等，或是為了原創研究得獎而高興的，而且通常都是欣喜若狂。正如同吉米・卡格尼在談到他的演藝生涯時所講的：「你究竟有多棒？要別人說了才算數。」

這個世界上並沒有躲在遺世獨立的實驗室裡潛心研究的偉大科學家，所以，在閱讀和引用文獻時請謹慎小心，將每項發現、每個想法都歸功於應得的人，並期待他人也能作到這一點。讓研究人員實至名歸，這件事情意義非凡。

不過，在科學獎項或其他形式的認可中，推舉同事的利他行為，在科學家之間比較少見。即便如此，也不必因此退縮，還是可以試試看。換個角度想，如果你甘願把獎項讓給對手，尤其是你不喜歡的人，還得冒著名聲被搶走的風險，那你真的是擁有高貴的品行，基本上沒有人會對你抱有這樣的期望。所以，提名的事情還是交給別人吧！你只要咬緊牙關，表達祝賀之意就好。

你難免會犯錯，但盡量不要鑄成大錯，無論如何，有錯就要勇於承認，然後敞開心胸繼續往前。如果在報告或結論中犯錯，只要公開更正，都會被原諒（目前至少有一個知名期刊，特別增設了勘誤專欄）。只要謙虛行事，並且在聲明中特別感謝提出證據和推論出你犯錯的科學家。完全撤回自己發表的結果，並不會讓你永世不得翻身。但千萬不要造假，這是絕對不會被原諒的，造假無異是給你的專業判死刑，將會被科學界放逐，再也得不到他人的信任。

若是對結果不太有把握，那就再重複一次實驗。要是沒有足夠的時間或資源重作，那就放棄這整個計畫，或是交給別人去執行。如果你只對事實的一部分有把握，但不確定結論下得對不對，那就讓證據來說話就好。萬一你沒有機會或資源來確認或重複你的實驗，那就大膽使用暗示著不確定性的字眼：「顯然」、「表面上看來」、「意味著」、「可能是」、「發生的機率大為提高」或是「相當有可能」。若你的研究項目很有價值，自然會有別人去確認或是反駁，如此一來所有參與的人都能分享這份功勞。這並不是便宜行事，而是良好的專業操守，直通科學方法的核心。

最後，別忘了，你之所以投身科學生涯，是為了要追尋真理。你留給世人的科學新知，不僅可以不斷擴充，還能被明智地使用，而且這是一份可驗證、可整合到整個科學體系的知識和資訊。這樣的知識本身從來都不是有害的，但歷史無情地證明，如果被意識型態所扭曲或濫用，很可能會產生致命的危害。如果你覺得有必要，那就挺身而出，在你所專精的範圍內，我相信你可以發揮非常有效的功用，但千萬不要辜負科學賦予你的使命。

BIG IDEAS 01

給青年科學家的信

2014年1月初版　　定價：新臺幣270元
2017年10月初版第四刷

著　　者	Edward Osborne Wilson
譯　　者	王惟芬
叢書編輯	陳逸達
內文排版	江宜蔚
封面設計	許晉維

出版者	聯經出版事業股份有限公司
地址	台北市基隆路一段180號4樓
編輯部地址	台北市基隆路一段180號4樓
叢書主編電話	(02)87876242轉225
台北聯經書房	台北市新生南路三段94號
電話	(02)23620308
台中分公司	台中市北區崇德路一段198號
暨門市電話	(04)22312023
郵政劃撥	帳戶第0100559-3號
郵撥電話	(02)23620308
印刷者	世和印製企業有限公司
總經銷	聯合發行股份有限公司
發行所	新北市新店區寶橋路235巷6弄6號2F
電話	(02)29178022

總編輯	胡金倫
總經理	陳芝宇
社長	羅國俊
發行人	林載爵

行政院新聞局出版事業登記證局版臺業字第0130號

本書如有缺頁，破損，倒裝請寄回台北聯經書房更換。　　ISBN 978-957-08-4342-2 (平裝)
聯經網址 http://www.linkingbooks.com.tw
電子信箱 e-mail:linking@udngroup.com

國家圖書館出版品預行編目資料

給青年科學家的信/ Edward Osborne Wilson著．王惟芬譯．初版．臺北市．聯經．2014年1月（民103年）．264面．14.8×21公分（BIG IDEAS 01）
譯自：Letters to a Young Scientist
ISBN 978-957-08-4342-2（平裝）
[2017年10月初版第四刷]

1.科學　2.科學家　3.職場成功法　4.通俗作品

307.9　　103000562